ヨベル新書
086

荒川朋子［著］

共に生きる「知」を求めて

——アジア学院の窓から

YOBEL,Inc.

はじめに

この本は私が「アジア学院」という唯一無二の不思議な学校に導かれ、これまで与えられた豊かな時間の中で深く感じたこと、考えたこと、気づいたこと、そして人々に伝えたいことの結晶のようなものです。その真実は、私のつたない言語力では到底表現しきれない、もっと奥深く、もっと美しく、もっと尊いものなのですが、私の能力の限界でこの程度でしか表せないことをとても残念に思っています。しかし、出版社ヨベルの安田正人氏の多大なるご協力と励ましにより、こうして1冊の本としてまとめられ、より多くの方にお伝えできる媒体にしていただいたことを心から感謝しています。アジア学院という小さな「器」（神のビジョン達成のための道具）とそこに集められた人を通じて、神様がなさろうとしている大きな業《わざ》の息吹を感じていただければ幸いです。

私は1995年秋にアジア学院の職員かつ「住人」となり、それから20年経った2015年春、校長という大任を与えられました。そのおかげで、毎年入学式、卒業式には式辞を読ませていただき、雑誌等への寄稿や講演を依頼されることも多くなりました。その中で2015年から2022年までに書いたものの中からいくつかを本書に収めていただきました。そのため随所に重複があることをお許しください。

本書で何度も出てきていますが、アジア学院についてここでまず簡単にご紹介いたします。アジア学院は学生数30名ほどの小さな学校です。アジア、アフリカなどの開発途上国と呼ばれる国々の農村指導者を招いて、指導者育成を行う専門学校ですが、世界に類を見ない大変ユニークな学校です。

アジア学院のある那須塩原市は那須連山を見渡せる栃木県の北東部に位置し、付近一帯は那須野が原と呼ばれる4万ヘクタールにおよぶ広大な扇状地になっています。アジア学院のキャンパスはその那須野が原の中央からやや南東あたりで、地元で権現山として親しまれてきた小高い丘の上にあります。敷地面積は農場と学校林を合わせて約6ヘクタール（約6町歩）です。その地に1973年、日本が高度経済成長に沸く最中、「開発」

や「成長」の行く末に疑問を呈しながら、まだこの地域では外国人などほとんど見かけられなかった時代に、アジア学院はできました。しかも日本の都市部でもあまりいなかったと思われる、いわゆる開発途上国と言われる国々の人々、さらにその中でも海外に留学できるような裕福な階層の人や、国費留学などで招聘《しょうへい》されるようなエリートではなく、貧しい農村地域の、中にはその村落から一度も出たことがないような人々が呼び集められる学校です。

アジア学院は創立当初から「アジア学院」（英語ではAsian Rural Instituteを略してＡＲＩ《エー・アール・アイ》）と呼ばれていますが、これは学校法人名で、学校の正式名称はアジア農村指導者養成専門学校です。その目的は、主イエス・キリストの愛にもとづいて、世界の農村社会の人々の向上と繁栄に献身する中堅指導者を養成し、公正で平和な社会の実現に寄与することであります。その目的の達成のためにふさわしい学び舎を、職員、学生、ボランティアたちが共につくり上げていくのですが、最もユニークなのは「ひとつの所で、共に食し、共に働き、共に学び、人々に仕えるために共に準備する」、つまり農的な共同生活を基盤とし、対話を通じて人格的な関係を生きることを大切にする学校であるということです。そして「共に生きるために」という学院のモットーが、学院の中心に神と共に座して、決して揺るがない柱としてすべてを支えています。

今から半世紀も前になぜそのような学校が、この関東北部の地につくられたのか。神様のご計画は何だったのか。その答えの探求はとても興味深くまた奥深く、それこそが私を長年アジア学院に惹きつけてやまない理由であるような気がします。本書を通じてその面白さが読者の方々に伝わればうれしいと思っています。

最後に、文中何度も私がその言葉を引用し、私自身大変大きな影響を受けた高見敏弘先生について、ご紹介しておきます。高見先生はアジア学院のビジョンを描き、アジア学院の創設の先頭に立った方です。１９２６年、中国の旧満州に生まれ、10歳で家族と共に日本に引き揚げ、旧制中学に通うために得た奨学金の条件として、京都の禅寺に修行僧として5年間住み込みます。旧制中学を卒業後、神奈川県の海軍電測学校に在学中に終戦を迎え、戦後の混乱の中、神戸でたまたまアメリカ人宣教師の家の料理人として働く機会を得ます。そしてその宣教師との出会いが高見先生のその後の人生を大きく変えます。この宣教師からは一度も誘われたことはないのに、自然とキリスト教に関心が湧いてきた高見先生は、教会に通い始め、やがて洗礼を受けます。

さらに、その宣教師の勧めと協力によってアメリカ留学の機会を得ます。1952年のことです。アメリカで歴史学、神学を学び、牧師の資格を得て1960年に帰国、1962年から72年までアジア学院の前身である日本キリスト教団 農村伝道神学校東南アジア科の科長を務め、1973年にアジア学院の創設に携わります。同学院理事長、校長を長く務め、2018年に召天するまでアジア学院を精神的に導きました。

私が1995年にアジア学院に勤め始めた時には、高見先生はすでにアジア学院の運営の第一線から退いていましたが、キャンパスのすぐ隣りにお住まいでしたので、いつでも訪ねて話をすることができました。いつも優しい笑顔で迎えてくれ、私の家族のことを案じてくれ、女性がリーダーになることの重要性を私によく話してくれました。それが後に私がアジア学院の校長という重責を引き受けることを決意した背景にあることは間違いありません。また、私は高見先生のシンプルだけれどもその奥に強い信念を感じる言葉が大好きです。私の心の中で響いている高見先生の言葉や文章はたくさんあり、それらは私のアジア学院理解、教育信条、運営方針に大きな影響を与えてくれているものが少なくありません。それらの言葉の数々を何度も繰り返し読んでは、その時々の自分の言葉に置き換えてみたり、現状と照らし合わせたりして、困ったとき、迷ったときには道を照らす明かりとしてきました。今こうして拙文が本という形になる時に、高見先生と出会うことのできた恵みに感謝せずにはいられません。

2023年1月　　アジア学院にて　　荒川朋子

共に生きる「知」を求めて
——アジア学院の窓から

目次

第三部　共に生きる「知」を生きる　175

第一部 「共に生きる」に挑む

（入学式・卒業式　式辞）

人間開発に挑み続ける

わたしはまことのぶどうの木、わたしの父は農夫である。わたしにつながっている枝で実を結ばないものは、父がすべてこれをとりのぞき、実を結ぶものは、もっと豊かに実らせるために、手入れしてこれをきれいになさるのである。

（ヨハネによる福音書15章1－2節 口語訳）

ご来賓の皆様、今日お集まりのアジア学院を様々な形で支えてくださっている支援者の皆様、本日はお忙しい中、校長就任式並びに第43回アジア学院入学式にご参列いただきまして誠にありがとうございます。

ただいま執り行われました校長就任式で皆様の前で誓いました通り、誠心誠意校長としての職務を遂行する所存でございますが、何分未熟ゆえ、多方面でいろいろなご迷惑をお掛けすることと思います。今後共変わらずにご指導、ご鞭撻をいただきまして、アジア学院を皆様の大切な仲間として、愛し育てていただければと願っております。

アジア学院は一昨年に創立40周年を迎え、今年42年目に入りました。日本の民間の国際協力団体としては草分けでございますが、草分けとしてふさわしい活動を続けていくためには私たちの存在意義と目的を常に明確にとらえ、すべての活動がそれに直結したものでなければならないと思っております。

アジア学院は東京都町田市にある日本基督教団農村伝道神学校にその発端があるわけでありますが、1973年にこの那須塩原市の地に創設された新しい学び舎の設立の目的は、「主イエス・キリストの愛にもとづいて、アジア農村地域社会の人々の向上と繁栄に献身する中堅指導者を養成し、公正で平和な社会の実現に寄与する」ことでありました。これは「アジア農村地域社会」という部分が「アジア」だけに限定されず「世界の農村地域社会」になったことを除き、現在もまったく変わりません。

高見敏弘名誉学院長はこの目的について1974年発行のアジア学院学報『アジアの

土』の第一号で次のように述べています。

「公正で平和な社会の実現」という、抽象的な文句を繰り返し叫ぶだけでは無責任だと思う。それは無責任者が自分では何も創造的な仕事をしないことの、言い訳にすぎないと思うのである。……私たちはアジア学院の目的を達成するために、アジアの現状を、与えられた能力の限りをつくして、的確に把握し、理解し「農村地域の人々に仕える、中堅指導者の養成」という極めて具体的で重要な、そしてアジアの現状においては極めて必要な仕事に全力を注ぐことを、人間として生きるべき道として、悦びをもってえらびとったのである。

この目的の達成のために私たちは無謀とも思える研修スタイルを維持しています。20か国近くの多国籍、多文化、多宗教の人間が共同生活をし、有機農業にもとづく自給自足の生活を目指し、このコミュニティ内で起こる多種多様な問題を「公正で平和な社会の実現」という共通目的の下、皆で解決する。つまり「共に生きる」ことの実践を試みるのです。

私はこれほど過激な研修を他のどこにも見たことも聞いたこともありません。また同時にこれほど劇的に、また長期にわたって人間に影響を与える研修も他に知りません。高見名誉学院長は同じ「アジアの土」第一号で、人口問題と食糧問題が解決に向かう鍵は**人間開発**だと述べています。そして真の人間開発とは、すべての人の中に秘められている、人間性の最も善いもの、最も美しいものを十分成長させることだと言っています。したがって、人間開発を無視した、技術や数量だけを問題にするような開発は、問題解決にはつながらないと言うのです。

したがってアジア学院の研修は、技術習得を最重要課題とはせず、人格と人格がぶつかり合う環境で遂行されます。朝から晩まで一緒に作業し、共に食べ、共に学び、共に悲しみ、共に喜ぶ。その中で私たちは自分たちの人格をさらけ出し、それを最も善いもの、最も美しいものへと成長していくよう努力します。大変な挑戦に挑んでいるわけであります。

42年前に高見名誉学院長によって示されたこのアジア学院の目的、また強調するところは、今もって私たちの大切な指針として位置づけられています。しかし、それはアジア学院が時代の変化に対応していないからではなく、アジア学院の目的とするところが、いまだに人類の重要課題として存在しているからであると思います。むしろ42年経った現在の方が、その重要性、緊急性は高まっていると言わねばならないかもしれません。

4年前（2011年3月11日）に起きた東日本大震災で、私たちは大変な打撃を受け、一時は存続を諦めかけた時期もありました。しかし、多くの支援が国内外から寄せられ、今のようなこの立派な学び舎が与えられました。これは私たちの目的やビジョンの達成が、現在も、また将来にわたっても必要とされていることの証《あかし》ではないかと、私たちは謙虚な心をもってとらえました。

世界中で互いの違いを巡って繰り返される対立や争いは後を絶ちません。私たちの卒業生は世界のあちらこちらで起こる、こうした対立や争いの火消し役を担い、代わりに平和の種を蒔き続けています。支援の行き届かない世界の農村地域では、もっと多くの火消し役、平和構築の担い手、そして新しい社会をつくる創造的な指導者が必要とされています。神様の示す公正で平和な社会の実現に向かって、アジア学院はこれからもその必要に応えていかねばならないと思います。

さて、今年度入学された33名の皆さん。ようこそアジア学院へ。

皆さんは人生の中で大きな決断をされました。仕事を離れ、愛する家族を置いて、言葉も文化も違う国へ、そして未知のアジア学院という学び舎へ来ることをよくぞ決断されました。

皆さんが家族や村、そして自分の国を離れることは、私たち日本人がする海外留学や旅行とは比較にならないほど難しいことを私たちはよく知っています。ですから、まずは皆さんの勇気と数々の困難を乗り越えて来られた努力を讃えたいと思います。

次に、皆さんが自分のためではなく、皆さんを待つ人々のために、またコミュニティや村のためにこの研修に来られたことを讃えます。皆さんはそれをよく理解し、それをご自分の責任、職務として、あるいは天職として与えられたと信じて、今ここにおられます。皆さんが今の勇気と決意を持ち続けるならば、必ず今年の研修は成功に終わるでしょう。

特に今年はアジア学院の歴史の中で初めて、女性の学生が男性学生を上回りました。長い間、より多くの女性に研修の機会を与えたいと願っていたアジア学院としては、大変喜ばしいことです。

皆さんは、多くの卒業生たちが実証しているように、人々の生活の向上を何よりも求め、苦しみの中にある人々と共に歩む、具体的な技術と想像力あふれる指導者に成長されることでしょう。そのために一人ひとりが互いを尊敬し、愛し、この研修を成功させることを強く望むことが必要です。そしてここにお集まりの皆さんを初め、国内外の多くの方々のご支援や期待に応えていかねばなりません。共に励まし合い、頑張っていきましょう。

本日引用した聖句ヨハネによる福音書15章1－2節は、高見名誉学院長がこれもアジア学院創設の年に、ある教会雑誌（『教会教育』1973年12月号）に執筆した文章で引用していた箇所です。本日私がこの箇所を選んだのは、高見名誉学院長がその後で次のように述べているからです。

信仰の決断によって発足したアジア学院は、まず試練を与えられている。厳しい生活の中で、希望を与えてくれるもの——それはアジアの人々のための奉仕の業である。同士間の激しい対話を通して一致が賜物として与えられる。実を結ばないものは父がそれをすべてとりのぞかれる。実を結ぶものも、もっと豊に実らせるために、きれいに剪定されてしまう。まことにきびしい。しかし、そこでわれわれは、おどろくべき神のエコノミーを学ぶのである。家族ぐるみ、文字通り寝食を忘れ、身体をすりへらしながら、共に生き、学び、悦ぶのである。いと弱き者、罪人のために十字架にかけられた主イエス・キリストに従う者に、その群れに、教会に、これ以外に生きる道があるだろうか。

私たちのこの学び舎も、この研修も、ここで働きを与えられた者も、ここに呼び集められた者も、そしてそれを支えてくださる多くの支援者の方々の善意でさえ、それらはすべて神の意志に従って行われる弱き人々への奉仕の業のためです。ですから私たちはどんなに懸命に働いたとしても、決して自分たちが良いことや正しいことをしているなどという自己満足やおごりやエゴに陥ってはなりません。

より多くの実を実らせる努力をしなければ、神様は枝をすっと切り落とされます。たとえ今、多くの実を結んでいたとしても、将来を見据えて切り落とされることもあるのです。ですから私たちは日々自らの歩みを厳しく確かめ、自己反省を繰り返し、今だけでなく将来を見据えてこの働きに従事していくことを自分たちの信念としていくことが必要だと思うのです。神がアジア学院に何を求めているのかを見極め、よりよい研修の実施に向けて努力を惜しんではならないのです。それが創設42年目を迎えたアジア学院に関わるすべての人間に求められていることではないかと思います。

最後になりましたが、本日入学式にご参列の皆様に、改めてこれまでの厚いご支援に感謝申し上げます。この麗《うらら》かな春の日に、愛する皆様とこの日の喜びを分かち合うことができたことは、私たちにとりまして最上の喜びです。どうかわたしたちの目指すところを共に目指し、よりよい社会の実現のために、アジア学院という具体的な活動の継続を、これまでと変わらずお支えいただきますようお願い申し上げます。

（2015年　入学式　式辞）

サーバント・リーダー——人に仕える指導者として生きる皆さんへ

そこで、イエスは彼らを呼び寄せて言われた、「あなたがたの知っているとおり、異邦人の支配者たちはその民を治め、また偉い人たちは、その民の上に権力をふるっている。あなたがたの間ではそうであってはならない。かえって、あなたがたの間で偉くなりたいと思う者は、仕える人となり、あなたがたの間でかしらになりたいと思う者は、僕《しもべ》とならねばならない。それは、人の子がきたのも、仕えられるためではなく、仕えるためであり、また多くの人のあがないとして、自分の命を与えるためであるのと、ちょうど同じである」。（マタイによる福音書20章25－28節：口語訳）

ご来賓の皆様、そして本日この会場にお集まりのすべての皆様、本日はお忙しい中アジア学院第43回卒業式にご臨席いただきまして、誠にありがとうございます。今年も正規の課業を修了した情熱と希望に溢れる26名の卒業生を世界19か国に無事に送り帰すことができることを、神様に、ここにお集まりの皆様に、そして国内外の多くの支援者の皆様に心より感謝申し上げます。

卒業生の皆さん。ご卒業本当におめでとうございます。愛する家族と離れ、長く寂しく過酷な研修が今終わろうとしています。今どのようなお気持ちですか。

皆さんたちは、卒業認定の最後の関門として、一人ひとりがこの9か月間で学んだことと、そこから描かれた「夢」を皆の前で発表しました。その最後の発表と最後の個人面談で、皆さんのうちの多くが、最も強く印象に残った学びとして「Servant《サーバント》 Leadership《リーダーシップ》」を挙げていました。「人に仕える指導者像」です。私たちはここ数年、卒業生たちがアジア学院を有機農業者養成所のように語ることに懸念を覚え、ここは「農村リーダーが集いリーダーシップを養う場」であることを強調してきました。今年はその成果がようやく現れたと思い、大変うれしく思っています。これほど多くの学生がサーバント・リーダーシップを一番の学びだと答えた年はこれまでなかったのではないかと思います。私たちはこの一番の学びが将来どう実行に移されていくのか、とても楽しみにしています。

サーバント・リーダーシップが最も大きな学びであると答えた皆さんに、私たちは個人面談でさらに、あなたにとってサーバント・リーダーシップとは何ですかと問いました。すると皆さんは、「相手の話をよく聞き、一緒に考え、一緒に行動すること」を挙げていました。また「権威や力で人を従わせるのでなく、コミュニティを本当によくしていきたいという思いで皆を引っ張り、コミュニティに奉仕すること」だと答えていました。

そこで今日はこのことを表す聖書の箇所を選びました。

これは聖書の中でも大変有名な箇所でありますが、最も実践が難しい教えのひとつであるかもしれません。語られている言葉は何も難しいことではないのに、上に立つものが僕になって仕えるという逆転の発想はなかなか人間社会では受け入れられず、浸透しません。ところがアジア学院に来る草の根のリーダーたちはこの逆転のリーダーシップの真意を一瞬にして理解するようであります。これこそが弱者を強め、困難に直面した人々が持てる能力を最大限に発揮できるような、公正で平和な社会を築くために必要なリーダーシップであると確信します。私たちはこのサーバント・リーダーシップを象徴する、イエス・キリストが弟子の足を洗う姿を描いた絵を毎日チャペルの中で目にし、この姿を自然にまた喜びを持って頭に焼き付けながら生活をしてきました。

ところでアジア学院の初期にはサーバント・リーダーシップという言葉自体はあまり使われていなかったようでした。創設者の高見敏弘名誉学院長はアジア学院の描くリーダーのイメージを次のように述べていました。

アジア学院の描くリーダーのイメージは、自らの自由な意思で、社会の基盤である草の根の人々と共に汗を流して、命を支える食べ物を生産し、それを公正に分かち合うためにいま具体的に働く人である。全ての人々、全てのものが、それぞれの持ち味を互いに生かし、その可能性、秘められた霊性をできるだけ伸ばすよう不断の努力をする、生きいきとした社会をつくるのに欠かすことのできないリーダーである。

(『乏しさを分かち合う』29頁)

ここにサーバント・リーダーという言葉は一度も出てきませんが、これこそがまさに私たちの目指す具体的なサーバント・リーダー像だと私は思います。そして皆さんはこのことを本当によく理解して、このリーダー像こそを自分自身の理想のリーダー像として掲げ、今母国に戻ろうとしています。

しかし実は皆さんはここに来る前からすでにサーバント・リーダーシップの多くの資質を持ち合わせていました。まず皆さんの中で誰一人として自分のためだけにここに来た人はいません。皆さんの後ろにはいつも皆さんの村が、そして村の人々が見えていました。皆さんは、いつもその人々の生活の向上を考えながら、彼等のためにこの学びはどう役立つか、どう応用できるかを考えてきました。これほど自分自身のためではなく、自分のコミュニティのために、多くのものを犠牲にして学ぶ人が集まる学校が他にあるでしょうか。一人ひとりの母国のコミュニティへの思いが、この研修をさらに強く良いものにしていきました。皆さんのその思いで職員やボランティアも励まされ、私たちも研修をいいものにするために、さらに協力していこうという思いを強くさせられました。一人ひとりの他者に仕える思いで、アジア学院の研修はよいものになっていくのです。ですから今年の研修が成功したのは皆さんのおかげです。卒業生の皆さん、ありがとうございました。

ただたったひとつだけ、皆さんが挙げたサーバント・リーダーシップの資質の中であまり触れられていないものがありました。それは「自己への気づき・内省」です。アジア学院で私たちは皆さんに、自分自身の振り返りの時間を頻繁に持ってもらいました。今年皆さんがアジア学院で多くのものを発見し体得したのは、ひとつに自分をまったく新しい環境において、客観的に自分を見つめ、また他者によって新しい自分を発見させられたからだと思います。しかし、これから元の環境に戻ると、仕事場でまた家庭で、再び多くの重責を負うことになるでしょう。そしてこの9か月間ここで許されていた、自由に自分について考え、自由に行動することはどんどんと制約されてしまうかもしれません。そんな中でいつしか自分を見つめることを忘れてしまうおそれがあります。ですから、アジア学院での生活を思い出した時、自分を深くまた客観的に見つめていた貴重な時間を思い出し、その習慣を母国でも継続していって欲しいと思っています。是非ともアジア学院の仲間を思い浮かべて、その仲間の前で自分が話をするMorning Gathering《モーニングギャザリング》（アジア学院で毎朝行われる集会。全員が司会者になる機会が与えられ、皆の霊的成長を促す話をすることが求められる）を行ってください。自分は何のために、誰のために働いているのか、何のために生きているのか、自分のやっていることを大きな視点で、また地球規模で自分はちゃんと理解しているか、また逆にしっかりと自分の足元や周りが見えているか、困っている人に仕えているか、自分にこれらの質問を問い続けてください。アジア学院のスタッフが目の前にいてこのように質問されたらどう答えるか、考え続けてください。自分自身をわからずして、また自分のしていることの真の意味を理解せずして、他者のためによい働きができるわけがありません。この自己への気づきが、皆さんが人に仕えるサーバント・リーダーとしてさらに成長していく鍵になっていくと思います。

ボランティアの皆さん、この場をお借りして、ボランティアの皆さんにも感謝を申し上げたいと思います。皆さんは自発的にご自分の持てる能力と時間とお金とを使って、この研修を支えてくださいました。現実に皆さんの奉仕なしではアジア学院は1日たりとも存続できません。しかし私たちはそこに積極的な意味を見出しています。人が自分をとりまく社会環境のために、報いを求めないで惜しみなく労働を提供することは、支え合い、分かち合う「共に生きる」社会を目指すうえで大変重要な要素であります。そしてそれも学生にとって大きな学びであったはずです。アジア学院がアジア学院であるために、ボランティアの皆さんの存在は必要不可欠です。ありがとうございました。

（2015年　卒業式　式辞）

償いの証しとしてのアジア学院の創立の理念

わたしの思いは、あなたたちの思いと異なり
わたしの道はあなたたちの道と異なると
主は言われる。
天が地を高く超えているようにわたしの道は、あなたたちの道を
わたしの思いは
あなたたちの思いを、高く超えている。（イザヤ書55章8－9節）

本日この会場にお集まりの皆様、特にご来賓のガーナ共和国特命全権大使パーカー・アロテ閣下、アジア農村交流協会の白石雄治《しらいしゆうじ》理事長、関西学院前院長のルース・グルーベル

先生、そしてカメルーン共和国特命全権大使ピエール・ゼンゲ閣下には、お忙しい中、アジア学院アジア農村指導者養成専門学校の第44回入学式にお集まりいただきまして、心より感謝申し上げます。今年もこうして春の麗《うらら》かな日に、2016年度の新しい仲間を迎え、皆様と共にこの仲間の入学を祝うことができます奇跡を、神に深く感謝いたします。

2016年度の学生の皆さん、ご入学おめでとうございます。多くの困難を乗り越えて、こうして今この席に皆さんが座っていることを、今皆さんがどのように感じているのか、想像しています。皆さんがアジア学院のことを、同僚か、上司か、地元にいるアジア学院の卒業生か、に初めて紹介されたのはいつのことだったでしょうか。それからいつかアジア学院に来ることを夢見て、どれほどの時間が経ったでしょうか。日本という国のこともあまり知らなかった人もいるかもしれません。先日行った皆さんとの面接で、皆さんの中のおひとりが、来る直前になって、「一度国を出たら、もう二度と帰ってこられないかもしれない危険もあると思ったら不安になって、上司に『やはり私は行かない』と言った」と話していました。それでもその上司が、「大丈夫だから安心して行ってきなさい」と懸命に励ましてくれて、その人は再び出発する決意をしたと言っていました。同じような思いを持った人は、その人ひとりではないと思います。皆さんは家族を残して、家庭や仕事の様々な責任を誰かに任せて出てこなければなりませんでした。それでも地域のために、人々のために、自分が学んでその学びを伝えなければいけないという決意をもってアジア学院への入学を決めた皆さんのその勇気ある決断を讃えます。

皆さんの平均年齢は40歳で、皆さんは所属団体において中堅の指導者であります。つまり仕事で最も脂がのっている時、また家族においても最も責任の重い時期であり、その時期に9か月間も家や職場を空けることはそう簡単ではないことを私たちは知っています。それでも敢えて人生の最も忙しい時期の皆さんをここに招くには理由があります。それは皆さんの今のこの時期こそが、アジア学院の学びが最も活かされる時だと信じるからです。

皆さんには既に豊富な人生経験があります。そして、さらにやるべき仕事と責任が、まだこれからもたくさん待っている方々です。しかしその豊かな経験は、自分をこれまでとまったく違う環境に置くことによって、また今まで知ることのなかった自分を知ることによって、さらに同じような状況にある他の地域の草の根の指導者たちと課題を共有し、解決策を探ることによって、何十倍にも活かされていくことを、私たちは卒業生の実績から知っています。どうかこの与えられた機会を最大限に有効に活用して、素晴らしい草の根の指導者に成長していってください。

今日の聖書の箇所（イザヤ書55章8―9節）は、しかし私たちの人生についてさらなる大きな視点があることを語っています。つまり自分の思いとはまた違うところで神の思い、ご計画があるというのです。アジア学院での多くの出会い、それは人とだけでなく、新しい価値観、考え方、思想、自分の知らなかった世界の情勢、自然の現象、それらが時には大きな衝撃となって自分にぶつかってきて、まったく新しい世界を見せつけることがあるかもしれません。それは心地よい時もあれば、反対にひどく落ち込むようなものであることもあるでしょう。その時に皆さんがどんな反応をし、またどんな態度を取るのか。ただ恐れおののいて目をつぶって黙りこむか、あるいは理解不可能、自分とは無関係だといって拒絶をするのか、あるいは目を見開いて、世界の中の小さな自分の地域の、自分の愛する人々のために、自分は何をするべきか、何を神から求められているのかを勇気をもって真剣に考える契機とするのか。実はアジア学院はそれが試される場でもあります。主の道は、私たちの道とは違う、主の思いは、私たちの思いを遥かに超えていると聖書が語るように、私たちには想像もし得ないような使命や課題が、私たちの人生に与えられているのかもしれません。どうかこれから9か月の間に、想像以上に大きな衝撃を受けた時に、自分の小さな世界に留まることなく、もっと大きな、より高い次元での自分の使命を見出していってください。アジア学院はそれができる場所だと私たちは信じています。

本日お集まりのすべての皆様。

今日ここで皆様にひとつお知らせしたいことがございます。私どもの理事として長年アジア学院を愛し、またご奉仕いただき、入学式、卒業式には必ずといってよいほどご参列いただいていた福田龍介氏が、今年の1月12日に突然召天《しょうてん》されました。4か月前の12月の卒業式には大きなポインセチアの鉢を抱えて、いつものようにはちきれんばかりの笑顔でお越しいただいていましたのに、今日ここに福田さんがいらっしゃらないことが未だに信じられません。福田さんは金融の専門家として、アジア学院の財政状況を常に心配され、重要な局面でご指南いただきました。また東京ユニオンチャーチの教会員としても、教会のサポートをアジア学院につなげるべく、大変大きな役割を果たしてくださいました。その福田さんが、いつも口癖のようにおっしゃっていたことが、「主の器であるアジア学院の創立の理念」でありました。福田さんは常々、「戦争の原因となる欲（greed《グリード》）、その欲を追求する結果、第二次世界大戦の原因の多くを生んだことについての日本の諸教会からの神への償いの証《あかし》としての器であるＡＲＩ（アジア学院）の存在意義」を、アジア学院の職員がしっかりと理解し、心に刻むことが何よりも重要であると強調されていました。6日前に行われた福田さんの記念式で、実はその器の存続を支えることが福田さん自身の神への償いの証しであったことを知りました。また福田さんのように戦中、戦後を生き、この償いの証をご自分の生き方と重ねてこられた大切な支援者が次々とこの世を離れていく時に、今度はそれを私たちの世代が自分たちの証として生きていかねばならないという責任を思い知らされました。

この世のすべては、人間が欲に根ざして生き続ければ持続できないことはもう自明です。「世界で最も貧しい大統領のスピーチ」で有名になったウルグアイのホセ・ムヒカ前大統領は、国連の会議で世界の首脳と各国の代表者の前でこのことを名言し、大きな衝撃を与えました。すなわち、私たちは自分たち自身で、欲に従い「無限の消費と発展を求め、世界の果てまで原料を探し求める社会」をつくってしまい、その結果、消費社会を持続させるためにグローバリゼーションにコントロールされてしまっていると、彼は言いました。そしてムヒカ氏は、私たちはそのような欲に振り回されて自分で自分の首を締めるために生きて一生を終わるのではなく、幸福をもたらす発展を進めなければいけないと言いました。幸福とは「愛を育むこと、人間関係を築くこと、子どもを育てること、友だちを持つこと、そして必要最低限の物を持つこと」であり、発展はそれらをもたらすべきだと言いました。

アジア学院の目指す理念にも「乏しさを分かち合うことを人類の共有の財産とする」ということが謳われています。限りある資源を、すべての尊いいのちのために平和のうちに分かち合うことをリードできる指導者になりましょう。世界はそうしていかなければ持続しないし、それは草の根からこそ始めていかねばなりません。そのためには、日本に習う（倣う）、欧米に習う（倣う）のではなく、神が私たちに求めていることを一人ひとりが自分自身の中に探し求め、それに聴き従うことが必要です。そのためにアジア学院という学び舎を存分にお使いいただくように神に祈ると共に、皆様のこの使命への賛同とご支援を心からお願いする次第であります。

（2016年　入学式　式辞）

真の豊かさ、真の幸福の哲学

悲しんでいるようで、常に喜び、貧しいようで、多くの人を富ませ、無一物のようで、すべてのものを所有しています。（コリントの信徒への手紙二 6章10節）

卒業生の皆さん、ご卒業おめでとうございます。

この9か月の間、神様が私たちの研修において必要なものをすべて整えてくださり、今日の日を迎えられたことを感謝します。そしてこの長く過酷な研修に臨んだ皆さんの努力、忍耐、最後まで衰えることのなかった学ぶ意欲、さらに仲間への深い愛と友情を讃えます。

昨日の最終発表会で、皆さんの多くが、この9か月間で有機農業の実践的な技術と、自分を低くし、弱き者を強め、そして弱き者に仕えるサーバント・リーダーシップを学んだと発表しました。しかしそれと同時に、世界有数の工業国で、消費社会の象徴のような国、この日本に9か月間生活する中で、「本当の豊かさとは何なのか」、「開発とは何なのか」、「経済的、物質的豊かさを求めることが、果たして人間の本当の幸福につながるのか」という問いが皆さんの頭の中を常に駆け巡っていたのではないかと、発表を聞いて思いました。しかし今、皆さんの頭の中にはその問いの答えが以前よりはっきりと見えているはずです。

今、私たちは資本主義によって進められ形づくられてきた「発展」や「成長」という名の道の、歴史的な分岐点に立っていると言われています。世界が、富む者とそうでない者とに分断され、そこには一触即発の対立が生じています。世界経済をけん引してきた国々でも経済が低迷し、これまでは自国を外に開放し、他国とつながることで自国を潤すことができていたのに、そのシステムに限界が見えてきたので、自国を保護することでしか自分の利益を守れないのではないか、という不安に多くの人がかられています。その内向きで閉鎖的な思考が、様々な場所で不寛容や差別を助長しています。

私たちは歴史の中で、また日々の生活の中でも、最も困難な時にこそ助け合わなければ生きていくことはできないことを経験しているはずなのに、こういった状況になってきているのは何とも悲しいことです。私たち日本人も、ここアジア学院でも、２０１１年の東日本大震災によって、いかに仲間と共に生きることが人間にとって根源的に必要なことであるか、体験的に学びました。しかし、世界ではそれと反対の力が、暗雲が広がるように不気味に空を覆い始めています。

先日、私はタイで開かれた、アジア・キリスト教協議会と韓国のエキュメニカルな運動体共催の「Life-Giving Agriculture《ライフギヴィング アグリカルチャー》(命を与える農業)フォーラム」に参加しました。そこで、アジア学院の卒業生も所属する韓国のたんぽぽ共同体の代表であるKim In Soo《キム イン スー》氏の言葉に大変感銘を受けました。

Kim《キム》氏は、人類が繁栄をひたすら目指してきたことの結果である今の世界の現状を見て、繁栄(Prosper)の語源であるギリシャ語の「euodoo（ユオードー、直訳は「善い道」）」の意味を辿り、私たちを人生のPilgrim《ピルグリム》（旅人）と例えながら、今「繁栄」の道を進む上で3つの変化が求められていると訴えました。

ひとつ目は、ライフスタイルについて、「所有」するライフスタイルから、「存在」することに重きをおいたライフスタイルに変化させること。

ふたつ目は、私たちの態度について、「富を得る」ことを目指す態度から、「より貧しい生活を送る」態度に変えること。

そしてみっつ目に、私たちの視点を、「安定」から「不安定」へと変えること、であると言いました。

つまり、人生という旅において、旅人である私たちは、所有することよりも幸福と真に存在することへより大きな関心を向け、物質的な豊かさの代わりに、質素で、より貧しい生活、安定や完全といった状態から、不安定またはより柔軟な状態に目を向ければ、旅人は、周りの人々と豊かな関係を築きながら、共同の作業を通じてより楽しく旅を続けることができるということではないかと思います。その意味でKim《キム》氏は、初代教会の共同体の生活のような、友情とわかち合いのある生活を再開することを訴えていました。

そしてKim《キム》氏は、先程読んだ聖書の箇所（コリントの信徒への手紙二 6章10節）を挙げたのです。「悲しんでいるようで、常に喜び、貧しいようで、多くの人を富ませ、無一物のようで、すべてのものを所有しています」これは、私たちは、すでに多くのものを神から与えられているのですから、さらに得て自分を富ませるためではなく、周りの友とわかち合うために、また家族や周りの友に奉仕するために生きるのだという目標を定め、またそう生きるならば、すべてのことが違った、あるいはまるで反対の価値を持つということを伝えているのだと思いました。

去る10月13日に崩御されたタイのプミポン国王は、国民から絶大な敬愛を受けていましたが、生前「Sufficient Economy Philosophy（足るを知る哲学）」を提唱していました。国内をくまなく歩いて、農民のために自給できる農業経営理論を提唱し、節度ある暮らし、欲ばらず、自然資源などを搾取しない自立した生活を送ることを説きました。また「貧しいもののように生き、仲間と連帯して働き、互いに親切に生きれば、生き延びられる」とも言いました。

今年はアジア学院に2人のブータンからの学生がいましたが、皆様がよくご存知のように、ブータンは1972年から国の豊かさを国民総生産、国内総生産で測ることを止め、「国民総幸福量」で測っています。国民総生産、国内総生産では測れない計測項目として、心理的幸福の項目が含まれていますが、心理的幸福とは、家族をつくって良好な関係を築き、大勢の仲間と共有する趣味を持ち、その土地に根ざした伝統的な文化を継承し、それによって仲間との絆を深め、周囲と助け合って、宗教的信仰心が積み重なっていくことで満たされていくとしています。また環境に関する教養も幸福量を増すものとして考えられています。

ウルグアイのホセ・ムヒカ前大統領も、「発展は幸福を阻害するものであってはいけないのです。発展は人類の幸福をもたらすものでなくてはなりません。愛を育むこと、人間関係を築くこと、子どもを育てること、友だちを持つこと、そして必要最低限のものをもつこと。発展はこれらをもたらすべきなのです」。と言いました。(佐藤美由紀、前掲書)

アジア学院で皆さんが有機農業とサーバント・リーダーシップと共に学んだ哲学も、同じ視点に立っていると言えます。アジア学院の名誉学院長の高見敏弘氏は、「アジア学院は今もそしてこれからも社会正義のために存在する」と言いました。そして社会正義を「世界の人が、ひとりの例外もなく、分かち合う喜びを感じながら、豊かな食卓につけること」と定義しました。さらに、「我々は『乏しさを分かち合う』ことを人類全体の共通の『資産』と早くせねばならない。その意味での、連帯の必要に迫られている」、また「『乏しさを分かち合う』ことで、人類は真の意味で豊かにならねばならない」とも言いました。

私たちは、家族や仲間と共に、友情と愛情を育み、生きる糧を与えてくれる環境を守り、ひとりが独占するのでなく、皆の幸福量を皆の協力で上げていく努力をすることを真剣にそしてできるだけ早く始めなくてはいけません。現代を生きる私たちには、これ以外の道を選ぶという選択肢はもう残されていないような気がします。ですから卒業生の皆さんには一刻も早く国に戻り、まずは自分の家族に、そしてコミュニティの仲間にこの哲学を広め、実行し、次世代を教育し、残された時間を無駄にせずに生きていってほしいと思っています。皆さんがその道を歩んで行く限り、私たちは日本から、私たちの支援者の方々と共にずっと皆さんにエールを送り続けることをお約束します。

神様のお恵みが皆さんの上に豊かにありますように。

（２０１６年　卒業式　式辞）

平和をつくり出す人へと変えられるように

実に、キリストはわたしたちの平和であります。二つのものを一つにし、御自分の肉において敵意という隔ての壁を取り壊し、規則と戒律ずくめの律法を廃棄されました。こうしてキリストは、双方を御自分において一人の新しい人に造り上げて平和を実現し、十字架を通して、両者を一つの体として神と和解させ、十字架によって敵意を滅ぼされました。

（エフェソの信徒への手紙2章14－16節）

ご来賓の皆様、そして本日お越しの皆様。それぞれの地からこの第45回アジア学院、アジア農村指導者養成専門学校の入学式にご参列いただき、ともに新しい学生の入学を祝ってくださいますことを心から御礼申し上げます。

第45期の皆さん、入学おめでとうございます。皆さんをここにこうして無事にお迎えして、この日を迎えられたことを本当にうれしく思います。皆さんにとって、ここまでは長い長い道のりであったと思います。多くの準備をして、ひとつひとつハードルを乗り越えて、よく来てくださいました。本当にありがとうございます。

私たち職員も、皆さんをお迎えするのに多くの準備をしてきました。特に学生募集担当のチームは、職員から次々に上がってくる数々の質問を取り継いで皆さんに伝え、今度は皆さんから返ってきた答えを職員に伝え、それを何十回と繰り返し、ようやく入学許可の段階まで来たと思ったら、次は皆さんが日本に入国するための手続きの数々を行ってきました。募金チームは皆さんをここに呼ぶために必要な資金、そして学習を続けるための資金を集めました。教務のチームは皆さんの学習が最も良いものになるために、研修内容を何度も何度も見直し、話し合いを続けました。成田空港への出迎え、部屋や生活必需品の準備、オリエンテーション、日本語クラス、それらがあって今日があります。東北インド・ナガランドのウィリントン・ムンレイ氏が3月中旬に事故に遭い、療養のために今日までに入国ができなかったことが心残りですが、24名の皆さんを14か国からお迎えできた

ことを神様に心から感謝しています。そしてウィリントン氏が予定通り今月末にこのコミュニティに加わることができるように、お祈りいたしましょう。

さて、皆さんがいるこの美しい建物は2012年に建てられました。わずか5年前です。新しく、とてもきれいな建物です。この建物だけでなく、事務所棟、ファームショップ、男子寮、チャペル、職員住宅もすべて2012年から2015年の間に建て替えられました。それは2011年に東日本で起きた巨大地震の影響で、アジア学院の主要な建物に大きな被害が生じ、建て替えを余儀なくされたからです。初めは被災したすべての建物を建て替えることなど到底できないと思っていました。アジア学院はそのための資金を持ち合わせていませんでした。しかし予想をはるかに超えた支援金が国内外から集まり、5年間で8つの建物を建て替えることができたのです。その寄付の総額はアジア学院の約6年間分の運営資金にあたります。これは奇跡だと思っています。

なぜ奇跡が起こったのでしょうか。なぜこれほどまで多くの人がアジア学院の再生を願ってくれたのでしょうか。それは、アジア学院が和解と平和をつくり出すための学校となることを目指しているからだと、私は思っています。世界のどこに、「共に生きるために」というたったひとつの目的のためにこれほど多様な人々を集める学校があるでしょうか。アジア学院の震災復興の道のりの最中に、私たちにとってふたりの大事な人が神様の御許に召されました。アジア学院の前理事長と前副理事長のお二人です。お二人ともアジア学院が和解のためにこの世に存在することを強調し、その重要さを私たちに伝えてくれました。昨年お亡くなりになった前副理事長の福田龍介氏は「戦争の原因となる欲(greed《グリード》)、その欲を追求する結果、第二次世界大戦の原因の多くを産んだことについての日本の諸教会からの神への償いの証しとしての器であるアジア学院の存在意義」を常々語っていました。皆さんがこれから学ぶ建物はその象徴であります。世界の多くの教会が、アジア学院を支援してくださる多くの方々が、過去だけでなく今も続く戦争や対立の悲劇を覚え、平和を願っています。そのための具体的な解決方法のひとつがアジア学院という場なのです。本日複数名でお越しいただいている立正佼成会は、今年初めてバングラデシュの信者の方をアジア学院の学生としてお送りいただきました。立正佼成会は、世界の平和構築のために、諸宗教が協力することが重要だとして、1970年から世界宗教者平和会議をけん引しています。様々な平和構築のための働きがなされていますが、大切なことは自分との違いのために、相手との間に隔たりや壁をつくるのではなく、むしろ互いの違いを尊重し、互いから学び、互いに愛し合い、分かち合い、仕え合うという姿勢です。それ以外に平和をつくる方法はありません。そして、それは我々人間の力だけでは不可能です。今日の聖書（エフェソ人の信徒への手紙2章14節－16節）が教えるように、神の御業によって私たちの間に聖霊が働き、私たちがまず平和を望む者へとつくり変えられていかなければなりません。平和はそれを謙虚に願うことからしか始められません。力や無理強いでは決して生まれないのです。

キリスト教の暦では、明日は十字架に架かって死んだイエスの甦《よみがえ》りを祝う復活祭、イースターです。イエスが十字架に架けられたのは、人間の罪のためです。その罪を贖《あがな》うため

に、神はイエスを甦らせました。それは私たちの罪は許される、私たちも再び新しい人間として生まれ変わることができる希望を私たちに表すためでした。何のために私たちは生まれ変わるのか。どんな人間に生まれ変わる必要があるのか。それはこの世に平和をもたらすためです。アジア学院のモットーが示す通り「共に生きるために」です。神と隣人と土、つまり神の創造物と共に生きることを願って私たちは新しい人間へと生まれ変わらせてもらうのです。

ぜひ和解と平和の創造の願いの象徴であるこの学び舎で、それを共に願い、9か月間の学びの中で自分の周りに平和をつくり出すことのできる人間へと共に成長していきましょう。そして9か月後には、世界56か国1300人を超える平和の使者である卒業生たちの仲間にここにいる皆さん全員が加わっていかれることを祈ります。

（2017年　入学式　式辞）

平和と正義に仕えるリーダー

上から出た知恵は、何よりもまず、純真で、更に、温和で、優しく、従順なものです。憐れみと良い実に満ちています。偏見はなく、偽善的でもありません。義の実は、平和を実現する人たちによって、平和のうちに蒔かれるのです。（ヤコブの手紙3章17－18節）

2017年度の卒業生の皆さん、ご卒業おめでとうございます。皆さんはこの日をどれだけ待ちわびたことでしょう。恐らく9か月前の入学の日には、世界から集まった仲間と友情を育み、多くを学び合い、多くのことを達成して、こんなにも晴れ晴れとした満たされた気持ちでいることを、だれも想像できなかったと思います。

この水曜日まで4日間にわたって行われた、皆さんにとって卒業のための最後の必要条件である最終口頭発表会は、まさに今日の、この喜びの日を迎えるための長い感動的なプロローグでありました。この9か月間で学んだことと、これから実践したい夢を中心に行われる一人15分の発表と、それに対する5分間の質疑応答の時間は極度の緊張に満ちていますが、その20分間が終わると、発表者は大きな拍手と共に安堵感に包まれ、その顔は達成感と自信に満ちた輝かしいものになります。奨学金によって支えてくださった団体の代表の方にも多くお越しいただいて進められた今年の最終口頭発表は、どれも大変質が高く、語られた夢の内容も厳しい現状をとらえつつも、決して夢の達成をあきらめないという決意に満ちていました。皆さんの夢は、個人の欲を満たすような夢からは程遠いものでした。どの発表も、地域の人々と「共に喜び、共に泣く」、「My people《マイ ピープル》（私の人々）」への愛に満ちており、今の問題を一刻も早く解決し、次の世代に、よりよい社会を残す責任感を強く感じるものでした。ですから22人すべての発表が終わった時は、教室全体が感動に包まれていました。その時の感動は今も私たちの胸に焼き付いています。全員分の発表のビデオをインターネットで公開して、世界中の人に知ってもらいたいほどです。私は今、心から皆さんのそれぞれの夢が達成されることを願い、達成までの道のりを神様が共に歩んでくださることを切に祈っていきたいと思っています。

さて、今年の入学式は4月15日（土）に行われましたが、その日はイースターの前日でした。皆さんはその日に、私が皆さんにお伝えしたメッセージを覚えていますか。恐らく覚えていないと思うのですが、こんなことを言いました。

「イエスが十字架に架けられたのは、人間の罪のためです。その罪を贖《あがな》うために、神はイエスを甦らせました。それは私たちの罪は許される、私たちも再び新しい人間として生まれ変わることができる希望を私たちに表すためでした。何のために私たちは生まれ変わるのか。どんな人間に生まれ変わる必要があるのか。それはこの世に平和をもたらすためです。アジア学院のモットー『共に生きるために』です。神と隣人と土、つまり神の創造物と共に生きることを願って私たちは新しい人間へと生まれ変わらせてもらうのです」

今、皆さんおひとりおひとりが、この願い通りに、神と隣人と土と共に生きることを願う新しい人間へと生まれ変わったことを本当に誇りに思い、またそれを可能にしてくださった神様のお導き、そして多くの方々のご支援に心からの感謝を表したいと思います。

4月の入学式には、私たちの敬愛する前理事長の大津健一先生がこの会場に参列されていました。それからわずか2か月後に先生が神様の御元に行かれるとは、その時に誰が想像したでしょうか。杖をにぎって、恐らく体調があまりすぐれない状態であったと思いますが、いつものようにとても優しい笑顔を浮かべて静かにお座りになっていました。

大津先生は平和の人でありました。私は先生と8年ほど大変身近で働かせていただきましたが、ついに一度も先生が人のことを悪くおっしゃるのを聞いたことがありませんでした。時にはどう考えても悪いと思うことに対しても、いいとも悪いともおっしゃらない先生に対していらだったこともありましたが、先生がお亡くなりになった後に先生の業績、書かれたものをたどってみて、なぜ先生がそのような態度を取られていたのかがわかったような気がいたしました。先生は、戦争、対立、差別、またそれらに付随して起こる貧困、病気、嘆き、悲しみ、その他、人類の抱える問題を解決するために、人類の連帯を心から求

めていました。そしてその連帯のために必要なことは、どんなに相手が悪いと思っても、大声で相手を批判したりなじることではなく、相手の気持ちを受け止め、認め、理解し、歩み寄り、平和な関係を築くことが必要であることをよくご存知で、それを常に実践されていたのでした。ですから先生の周りには、対立による緊張がさらに強められるようなことはなく、穏やかな空気が流れていました。私たちはいつの間にかその穏やかな空気の中で落ち着いていき、やがて安心して自由に討論し、自由に考えることができました。先生は一度だって、対立を止めよとか、冷静に話せなどと命令したことはありませんでした。ただ私たちは魔法にかけられたように、いつの間にか平安の中にいるのでした。自分の考えを声高に主張することはせず、逆に自分が相手を認められるように、理解できるように努力をすることに徹する、皆がそうできるような空気をつくる、そうすることで平和が築けることを身をもって示してくださいました。これはサーバント・リーダーの究極の姿だと思います。

それでも先生は正義に関しては一貫して強い思いをお持ちでした。正義がゆがめられ、人権が踏みにじられる時、それによって弱い者がさらに苦しめられることには耐えがたい苦痛を共に覚えていらっしゃっていたようでした。その時ばかりは、優しい先生のお顔も怒りの形相に変わり、断固とした態度で強い行動に出ることもありました。

4年前の卒業式に大津先生は、「サーバント・リーダーは、神の宣教に仕えるリーダーであり、平和と正義に仕えるリーダーだと考えている」とおっしゃいました。卒業生の皆さんの多くは最終の口頭発表会で、サーバント・リーダーシップが自分のリーダー観を大きく変え、そのリーダーシップが生み出す良い人間関係、一人ひとりが輝く社会を信じ、これを必ず実践したいと言っていました。そしてそのリーダーシップを実践する中で、謙虚に「聴く」ということがどんなに大切であるか、そのことによって本当に弱く苦しむ人々のニーズを聞き分け、彼らに仕えることができるのだと言っていました。私は皆さんにさらにもう一歩進んで、大津先生の生き様からサーバント・リーダーの真髄をしっかりと覚えていってほしいと思います。今日読んでいただいた聖句（ヤコブの手紙3章17－18節）が教えるように、「上から出た知恵は、何よりもまず、純真で、更に、温和で、優しく、従順なものです。憐れみと良い実に満ちています。偏見はなく、偽善的でもありません。義の実は、平和を実現する人たちによって、平和のうちに蒔かれるのです」とありますから、たとえ自分に利するものがなくても、虚栄心を捨てて、妬みや恨みから遠ざかって、寛容と、温順をもって自分の内に平安を保ち、まず自分の周りに自ら平和をつくりだす、そして憐れみをもって最も弱き小さな者の人権が守られるように公平と正義を愛する、つまり「平和と正義に仕える」サーバント・リーダーとなっていってください。

アジア学院はその「平和と正義に仕える」大津先生のサーバント・リーダーシップによって、40年の歴史の中での最大の窮地であった大震災からの復興を達成することができました。どうか皆さんはその象徴であるこの学び舎で学んだことを誇りとし、たとえ道は厳しくとも、あきらめずに「平和と正義に仕える」サーバント・リーダーとして、さらに多くの人に仕えてほしいと願います。

私たちは皆さんがどこにいても、アジア学院のファミリーとして、神の家族としてずっと皆さんと共にあります。皆さんのこれから進む道の上に神様のご加護がありますように、ずっと祈り続けます。

（2017年　卒業式　式辞）

自己変革への努力

あなたがたは神に選ばれ、聖なる者とされ、愛されているのですから、憐れみの心、慈愛、謙遜、柔和、寛容を身に着けなさい。互いに忍び合い、責めるべきことがあっても、赦し合いなさい。主があなたがたを赦してくださったように、あなたがたも同じようにしなさい。これらすべてに加えて、愛を身に着けなさい。愛は、すべてを完成させるきずなです。また、キリストの平和があなたがたの心を支配するようにしなさい。この平和にあずからせるために、あなたがたは招かれて一つの体とされたのです。いつも感謝していなさい。キリストの言葉があなたがたの内に豊かに宿るようにしなさい。知恵を尽くして互いに教え、諭し合い、詩編と賛歌と霊的な歌により、感謝して心から神をほめたたえなさい。

（コロサイの信徒への手紙3章12－16節）

新入生の皆さん、ご入学おめでとうございます。今、皆さんがこうして無事に世界の各地から集まって、ここに座っておられることを神に感謝します。そして皆さんのここに至るまでの努力にも心から敬意を表します。

皆さんとは2週間をかけて一人ひとりインタビューをしました。その中でアジア学院で勉強したいこととして一番多くの人が挙げたことは有機農業の技術、次いでリーダーシップでした。またそれぞれの置かれた現状において、この2つのテーマがいかに緊急かつ重要な課題であるかということもインタビューを通じてよくわかりました。皆さんがそれらをしっかり学べるように私たち職員は、ボランティアの皆さん、また支援者の皆さんと協力して最良の環境を整えていく努力をすることをここにお約束いたします。ですので、皆さんも最大限の努力をして研修に臨んでいってください。

さて、アジア学院は有機農業とサーバント・リーダーシップを学ぶのにとてもいい場所であることは間違いないと思うのですが、皆さんが期待していなかったことで、確実にアジア学院で学ぶことができる「隠れたテーマ」があることを、今日あえて申し上げておきたいと思います。それは「平和」というテーマです。

なぜ「平和」がアジア学院での学びのテーマのひとつであるかというと、それはアジア学院の建学の精神の根底に、アジアの人たちとの和解への願いがあるからです。すでに皆さんがオリエンテーションで学んだように、アジア学院の前身は第二次世界大戦で日本軍によって大きな傷を受けた東南アジアの農村とそこに住む人々の復興のために、東京都町田市にある農村伝道神学校の中につくられた東南アジア農村指導者養成所でありました。その養成所はやがて、人間の普遍的な願いとも言える「共に生きるために」をモットーに掲げて1973年に「アジア学院」として生まれ変わりました。高見先生の言うところの「アジアの現状を、与えられた能力の限りをつくして、的確に把握、理解し、『農村地域の人々に仕える、中堅の指導者養成』という、きわめて具体的な、そしてアジアの現状では極めて必要な仕事」を担う学校として設立されたのです。その学院で私たちは、私たちのミッションステートメント(使命)にあるように、世界から集まった仲間と、「共に分かち合う生き方」を目指して、共に「学びの共同体」を形成するのです。さらに具体的には、「農村の人々が地域で自分たちの持っている地域資源や能力を共通の目的のために分かち合い、活用する最善の方法を見出し」、「食べものといのちについての独自のアプローチによって、我々自身と全世界に問いかけを続けていきます」。

このような使命と目的をもった環境に身を置くことにより、私たちはしだいに互いの違いを認め、受け入れ、尊重していくことが、平和なコミュニティを築いていく上でとても重要であることに気づいていきます。今日の聖書の箇所（コロサイの信徒への手紙3章12節－17節）はさらに多くの重要なことを私たちに示しています。この箇所はイエスの弟子のひとりであるパウロがコロサイという所にある教会の人々に宛てて書いた手紙の一部分ですが、コロサイという所は、現在のトルコの南西部にあった町で、そこにはもともと住んでいたフリギア人と呼ばれる人たち、紀元前にバビロンから移住させられたユダヤ人たち、後に移り住んできたギリシア人たちという互いに異質な人たちが住んでいたようです。つまりコロサイはさまざまな文化、宗教、価値観が混ざり合った、国際的な町であったわけです。きっとアジア学院のコミュニティのような町であったのでしょう。そのような地域の教会の人々に対して、生きる指針としてパウロはこのように言っていたのです。

私たちはアジア学院で生活していく中で、価値観の違う人間が共に生きていくためには、この聖句にある教えを心に留めて生活していくことがとても大切であることに気づいていきます。そしてそれは、平和をつくり出す人間へとつくり変えられていくことに他ならないのです。そういう意味ではアジア学院は農村指導者の養成所であるのと同時に、平和をつくり出す人間の養成所でもあると言えると思います。

でもそこには、皆さんの一人ひとりの自己変革への努力が必要です。ただ漫然と時をすごしていればいいというわけにはいきません。皆さんには入学願書を提出する時に、高見先生の書かれた「By《バイ》 Sharing《シェアリング》 Life《ライフ》 We《ウィー》 Live《リブ》（分かち合うことによって生きる）」という文章を読んでエッセイを書いていただきました。その高見先生の文章を覚えていますか？　その中で高見先生は、「私たちは自分たちのための学びのコミュニティを造り出すために、産みの苦しみを味わわねばならない」と言っています。また「その過程で、一人ひとりが新しいイメージを見つけ出さねばなりません。従来のイメージを完全に打ち砕く辛い過程で、私たち一人ひとりはこれまで知っているのとはかなり違う、自分自身の、リーダーシップの、あるいは生活と文化の新しいイメージを見つけるのです。言い換えれば、私たちは自分自身と私たちのコミュニティの再生のプロセスを体験するのです」と言っています。

アジア学院での9か月間の研修で皆さんは文化も価値観も違った仲間と様々なことにぶつかるでしょう。これまでの考えや価値観が否定されるような大きなショックを受けることもあるかもしれません。しかし先ほどの聖句の教えに従っていく努力を惜しまないならば、産みの苦しみにも似た体験をしながらも、自分自身をより高次のものへ、つまり「共に生きる」ことのできる人間、「平和を築く」ことのできる人間へと変革していけるはずです。

それが実現されるよう、これから始まる9か月間の研修を、またそこに携わる有形無形のすべてのものを神様が常に見守り、また導いていってくださることを切に祈ります。

（2018年　入学式　式辞）

共食

イエスは、再び湖のほとりに出て行かれた。群衆が皆そばに集まって来たので、イエスは教えられた。そして通りがかりに、アルファイの子レビが収税所に座っているのを見かけて、「わたしに従いなさい」と言われた。彼は立ち上がってイエスに従った。イエスがレビの家で食事の席に着いておられたときのことである。多くの徴税人や罪人もイエスや弟子たちと同席していた。実に大勢の人がいて、イエスに従っていたのである。ファリサイ派の律法学者は、イエスが罪人や徴税人と一緒に食事をされるのを見て、弟子たちに、「どうして彼は徴税人や罪人と一緒に食事をするのか」と言った。イエスはこれを聞いて言われた。「医者を必要とするのは、丈夫な人ではなく病人である。わたしが来たのは、正しい人を招くためではなく、罪人を招くためである。」（マルコによる福音書2章13－17節）

見よ、わたしは戸口に立って、たたいている。だれかわたしの声を聞いて戸を開ける者があれば、わたしは中に入ってその者と共に食事をし、彼もまた、わたしと共に食事をするであろう。（ヨハネの黙示録3章20節）

アジア学院の創設のビジョンを掲げ、今日までアジア学院をけん引してきた高見敏弘名誉学院長が、3か月前の9月6日に天に召されました。来週木曜日、12月13日にお別れの会を催す予定でおりますが、その会に合わせ高見先生の語録『乏しさを分かち合う』を作成しました。先生の書かれた文章やインタビュー記事などから印象深い31編を選び、日本語と英語で作成しました。編集の過程で何度も読んでいるうちに、いくつかの言葉が繰り返し出てくるのに気づきました。そこでそれらの頻出語を数えてみると、上位5語は、1位が「食べもの」（あるいは「食べる」）、2位が「いのち」、3位が「自然」、4位が「共に生きる」（または「共に生活する」）でした。一番多く出てくる「食べもの」は、「いのちを支えるもの」として、2位の「いのち」は一人ひとりにあたえられている生、かけがえのない人格と同意で使われています。3位の「自然」は、豊かなもの、または美の象徴、さらに「おおらかであるが厳しく、また秩序正しい」ものとして、そして4位の「共に生きる」は「生を分かち合う」こと、また「一緒に生きる」ことと同等の言葉として使われていました。これらの言葉を見ているうちに、あることが連想されました。それは人類の進化と、共に食事をすること、「共食」との関係についての研究です。

京都大学総長（当時）で霊長類学者の山極壽一《やまぎわじゅいち》氏は、人類が他の類人猿やサルと異なること、人類独自の進化をけん引してきたものは「食事」だということがわかってきたとおっしゃいます。サルはエサを挟んで向かい合うと、弱い方が手を引っ込める。サルの社会のルールでは、争いの種になりやすいエサを強い方が独占します。それはそうすることで争いを避けるためだといいます。一方でチンパンジーなどの類人猿は、食べ物を分配するといいます。しかも弱い方が強い方に向かっていって、食べ物をねだって獲得するなどということが起きる。そして強い方は力づくでその食べ物を奪いにいくということはしないというのです。

これが人間になると、もっと面白いことが起きます。類人猿よりもはるかに気前がよく、相手に求められもしないのに、食べ物を持って行って、一緒に食べようとする、つまり

「共食」しようとするのだというのです。それは人間が「食べ物を共食することで、仲間と関係づくりができる、仲直りや交渉の場に食べ物が利用できるということを知っているから」であると山極氏は言います。そして食事がそのようなことを可能にするのは、「食事を共にすることで、相手が何を欲しているのか、自分をどう見ているかがわかってくる」、つまり「共感」がそこに育まれていくからであるというのです。

こうして人間は、家族など生物学的なつながりを持つ近親者の間だけでなく、見知らぬ人にも食事を分配して、客人をもてなしたり、様々な行事で食事を社会的な行為として使うようになります。これは人間が進化や変化とともに危険な地域にどんどん出ていったので、食べ物を使っていろいろな人たちと結びつく必要が生まれていったからだと言われています。

山極氏は、共食は人間が長い歩みの中で獲得し、社会をつくり発展させる源泉でもあり、同時に人間のコミュニケーションの重要な手段として発達していったと言っておられます。言い換えれば、共食は、人間が人間らしく、社会的な生き物として生きるために必要なことと言えるかもしれません。別の学者は一緒に食べる行為には、食べ物を配分する、仲間の食事のペースに合わせる、適度な会話をするなど、調整しなければならない「ヒト特有の暗黙のルール」があると説明しています。

ところが、社会の様々な変化とともに共食の機会も減少してきます。それによって人間がばらばらになる大きなきっかけになった、とも山極氏は言っています。

このような状況を高見先生は「貧しさ」と表現しています。『乏しさを分かち合う』の21頁にはこのようにあります。

貧しさとは、人間があるべき姿――隣人、自然環境等、すべての被造物との間に保持すべき関係――から疎外され、また自ら疎外することです。今は緑豊かな時となりました。豊かな日光と水は、緑と共に豊かな自然環境を創り出しています。その豊かささえ感じない人々がますます増えてきました。アジア学院に学んだ若者は、豊かないのちを大勢の人々と共に（生き）、そして人々のために働き始めています。アジア学院の日々の営み、日々の前進、それはこの豊かさをめざすもの、疎外からの解放への動きにほかならないのです。

また、「共に生きる」ことについては、59頁に、

共に生きるとは生を分かち合うことです。今の世代の友人や隣人と日々の生活を共有するだけでなく、未来世代の人々とそうしていくことです。人類のみならず、すべての被造物と、しかも将来にわたってです。

とあります。人間が自然や、神の被造物との関係から分離されて、自らも疎外する状況が「貧しさ」であって、自然の中で豊かないのちを仲間と共に生きる、仲間と共に育むことが、「疎外からの解放への動き」なのだと、アジア学院はそのような動きの中で、真の「豊かさ」を目指すのだと言っています。しかも、今の時代だけを考えてやるのではない、未来を見据えて行うことが「共に生きること」だと言うのです。

高見先生が何度も繰り返し使っていた言葉、食べもの、いのち、自然、共に生きるは、卒業生の皆さんが、先週、今週と続いた最終発表会の中で使っていた言葉と重なります。

皆さんはさらに、持続可能な農業、有機農業、サーバント・リーダーシップ（人に仕えるリーダーシップ）についてもたくさん言及していました。豊かで安全な食卓をつくり、それを共に分かち合う、その過程でサーバント・リーダーシップを発揮し弱者と共に生き、平和をつくり出す。多くの皆さんが掲げた理想です。アジア学院の精神に則っていれば、食べもの、いのち、自然、共に生きる、持続可能な農業、サーバント・リーダーシップはみな同じ仲間、同じ生き方の中に存在します。

そして、その中で中心的な「共に食べる」こと、「共食」は、類人猿が人間となっていった長い過程においても、社会の形成の歴史においても人間活動の源泉となる重要な行為です。キリスト教では、今日の聖書の箇所に代表されるように、イエス様が人々と「共に食卓につく」「一緒に食べる」という言葉が聖書に何度も現れます。イエス様が度々人々と共に食卓につかれますが、特に、人々から嫌われている人、社会から疎外され普通に考えたら一緒に食卓につくことなど考えられない人々と共に食事をされます。単にそばに行って話しかけるだけではなく、その人の家に入り、その人の食べているものと同じものを食べる、あるいは、自分の食べているものを分かち合う。それは神様が、私たちがどんな人間であろうとも共におられる、共に生きてくださるということ意味します。共食とは、共に生きることなのであります。

皆さんがこれからなさろうとすることも同じことです。皆さんはアジア学院を巣立って、弱い人、貧しい人、困っている人が豊かな食卓につけるように励み、その人たちにただ話しかけるのではなく、共に食卓につき、共に食べ、共に生きることを約束してくださいました。この9か月間で皆さんはこのコイノニアで700回以上共に食卓につきました。家族の枠を超え、文化や宗教の壁も超え、私たちは自分たちでつくった食べものによってつくられた食事を囲み、共感し、人間として成長し、平和なコミュニティをつくってきました。これからはその「共食」をそれぞれの地域で実現させてください。私たちはここ日本のアジア学院から、サポーターの皆さんや他の卒業生たちは世界中から、皆さんの働きが神様によって守られ、祝福されることを祈っています。

（2018年　卒業式　式辞）

「共に生きる」に挑む

主なる神が地と天を造られたとき、地上にはまだ野の木も、野の草も生えていなかった。主なる神が地上に雨をお送りにならなかったからである。また土を耕す人もいなかった。しかし、水が地下から湧き出て、土の面をすべて潤した。主なる神は、土（アダマ）の塵で人（アダム）を形づくり、その鼻に命の息を吹き入れられた。人はこうして生きる者となった。（創世記2章4－7節）

主なる神は人を連れて来て、エデンの園に住まわせ、人がそこを耕し、守るようにされた。（創世記2章15節）

新入生の皆さん、改めましてアジア学院へようこそ。皆さんは文字通り世界各地から、その国の中でも都市部からもずっと離れた小さな町、小さな村々から、様々な犠牲を払って、中には小さな子どもや病気の家族を残して、厳しい審査をくぐり抜けてやってきてくださいました。おめでとうございます。そして感謝いたします。私たちの職員で卒業生アウトリーチという新しい部門を担当するSteven《スティーヴン》 Cutting《カッティング》さんが、4月上旬から西アフリカのシエラレオネにいます。彼から4月4日に来たメールには、日本からシエラレオネの空港に降り立って、首都のフリータウンに入るまで、どれだけ長い時間がかかったが説明されていました。

「実に50時間のフライトの後、空港からフリータウンに入るには川を渡る必要があります。高速の水上タクシーなるものがあったのですが、迎えに来てくれた人が車で来てくれていたため、車を運ぶことのできるフェリーに乗る必要がありました。まず港まで車で行って、そこでフェリーが開くまで数時間、車を乗船させるのに数時間、川を渡るに1時間、降りるのにまた1時間、そしてホテルまでの渋滞でまた数時間……」

私は読むだけでも疲れてしまったのですが、皆さんも長い長い旅路の後、さらに成田空港で同じ日に到着した学生が揃うまで数時間待って、そこからアジア学院のバスで約5時間かけてアジア学院にいらっしゃいました。もうさすがにその時の疲れは取れていると思いますが、本当にお疲れさまでした。

さて、すでに4月1日の最初のオリエンテーションで説明をいたしましたが、入学式で再度申し上げたいのはアジア学院の創設理念です。アジア学院の前身は第二次世界大戦で大きな傷を受けた東南アジアの農村とそこに住む人々の復興のために、東京都町田市にある農村伝道神学校の中に1960年につくられた東南アジア農村指導者養成所であります。アジア学院40周年誌（『草の根の指導者と共に――40年の歩み』アジア学院、2013年、2頁）にこの東南アジア農村指導者養成所の設立について次のようにあります。

この養成所が「神学校」内に設置されることとなった意味は、第二次大戦において日本の諸教会が戦争協力に加担したことに対し、戦争責任を告白し、具体的な贖罪の歩みを始めることにあった。

つまりアジア学院は、アジア諸国との和解を願って、日本の教会の具体的な贖罪《しょくざい》の形として創設されました。私たちはこれが神様の意思によるものであることを信じ、この理念から1ミリもずれてはならないと思っています。今でこそアジア学院は世界中から研修に参加する農村の指導者を呼んでいますが、それでもアジア学院がその名前に「アジア」という言葉を保持しているのは、アジアの中にあって、アジアの人々との和解のためにアジア学院があることを忘れないためでもあると私は思っています。

皆さんはそのような歴史的背景と創設の理念をもつアジア学院にやってきました。ではここで何をするのでしょうか？　私は皆さん一人ひとりと面談を行って、この質問をしてきました。有機農業、畜産の具体的な技術の数々、リーダーシップ等多くの答えが返ってきました。しかし技術だけ学ぼうと思っているとしたら、残念ながらそれは私たちの期待から大きく外れています。ここで私たちが最も期待しているのは、また神様がアジア学院に期待していることは、皆さんが神と、土と、人と「共に生きる」技術、姿勢を身に着け、平和と和解に寄与するリーダーになることです。

「共に生きるために」というのはアジア学院のモットーです。アジア学院の創設者の高見敏弘先生はこのモットーは「手段であり、目的である」と言ったのですが、私はつい最

近までその意味を本当に理解していなかったことに気づきました。昨年、スリランカからの研究科生のNiru《ニル》さんが、あるミーティングで言った言葉で私は初めて理解した気がしたからです。彼女は、アジア学院は短期間のセミナーでもキャンプでもない、また学問の研究所でもない。じゃあ何なのかと言うと、アジア学院は9か月間の長期にわたって、「共に生きる」ことだけを目的にした、「共に生きる」ことを実践するとても特殊な究極の場所だと言いました。しかも、人と人とが共に生きることだけでも大きな挑戦なのに、さらに土（自然）と、神と共に生きることも目指すのです。だからそこに参加する人、つまり皆さん一人ひとりは、いわゆる一般的な学生でも、セミナー参加者でも、キャンパーでもなく、「共に生きる」ことを目的に集まり、

「共に生きる」ことを手段として、自分とはまったく違う人たちと、何があっても日々「共に生きる」ことを実践する人なのです。アジア学院が皆さんを「学生」と呼ばずに、「Participants《パーティシパンツ》（参加者）」と呼ぶ理由はここにあります。皆さんは、この究極の実験に参加するために招かれているのです。どうでしょうか？　覚悟はおありですか？

では、私たちはなぜそんな大変なことに挑むのでしょうか。それは他でもなく、その必要性があるからです。私たちのすぐ周りを見回しても、また世界を見ても、人々が「共に生きていない」現実があるからです。限られた資源をめぐって、人々の対立が世界のいたる所で起きています。そのために私たちは何をすべきなのか。髙見敏弘先生は、このように言いました。

われわれは「乏しさを分かち合う」ことを人類全体の共通の資産と早くせねばならない。その意味での連帯の必要に迫られている。いわゆる「先進国」「豊かな国」の現状はどうか。そこでは人々は豊かさを、分かち合うことが出来ない状態ではないか。いや豊かさを分かち合うことを拒否さえするのである。それでは人類に未来はないと言えよう。「乏しさを分かち合う」ことによって、人類は真の意味で豊かにならねばならない。（『教会教育』1973年12月号）

世界中の人が欲にまかせて限りある資源、物質のみを追求して豊かになろうとしても、それには限界があることは目に見えています。しかもそれは真の豊かさをもたらさないことも私たちはよく知っています。「乏しさを分かち合う」ことにこそ未来はあると、高見先生は教えてくれました。これは「共に生きる」ことを可能にする、具体的なアクションのひとつです。

また、先ほど読んでいただいた創世記2章には神が私たちに与えた最初で最大の任務が書かれています。

神が人をつくり、その人に最初に与えた任務は「土を耕し守る」ことでした。この「耕し守る」の部分は、聖書の原語であるヘブル語では「アーバド」であり、その意味は「仕える」だといいます。つまり、「土に仕える」ことが神が私たち人間に与えた最初の任務であり、責任でした。しかし、今の地球の有様を見る限り、私たちはその任務を立派に遂行しているとはとても言えません。私たちは一番最初の命令にすら忠実でないまま、神に背いて生きてきたということになります。

しかし、このアジア学院という小さな学校で、私たちは皆で共に土に仕えることにより、大きな恵みにあずかれることを体験的に知っています。仲間と力を合わせて、土を愛し、土を守り、自然の法則にできる限り則って農業を行うことで、豊かな収穫物にあずかることができます。そしてそれを分かち合って共に食すことで平和なコミュニティをつくることができることも知っています。共に食卓について、喜びをもって豊かな収穫物をおいしく食べることは、私たちの間にある壁や様々なしこりを取り除き、いつしか心を開き、互いの幸せを望むようになります。「土からの平和」です。これを和解と呼ばずに何と呼ぶことができるでしょうか。

皆さんは、これから9か月間でこの和解のプロセスに加わることになります。皆さんはここコイノニアでこれから仲間と何回くらい食事を共にするか知っていますか？ ここで毎日3食を食べた場合、700回以上食を共にするのです。昼食だけ一緒に食べる人でも、250回は共に食事にあずかります。さらに言えば、朝晩の食料生産に関わる活動（フードライフ・ワーク）と授業を合計すると、実に600時間にのぼります。その膨大な時間は、単に生産活動、技術習得をする時間、またお腹を満たすためだけの時間ではありません。それは神によって世界の隅々から集められた人間が、贖罪として建てられた学び舎で、土に仕え、人に仕え、平和を生み出す人へと変えられる、変革のための時間、平和と和解のプロセスに参加するための時間、神の奇跡が起こるための時間なのです。
　そのような素晴らしい9か月を今年も始められることに感謝します。それを可能にしてくださった神様、ここにお集まりの支援者の皆様、国内外のサポーターの皆様、皆さんの送り出し団体、そして家族に感謝して式辞とさせていただきます。

（2019年　入学式　式辞）

近代化のさらに彼方《かなた》を見つめる

わたしの戒めに耳を傾けるなら
あなたの平和は大河のように
恵みは海の波のようになる。（イザヤ書48章18節）

連日報道されていますように、アフガニスタンの乾燥地帯で30年以上にわたり医療活動と用水路建設を続け、60万人以上の人々の生活を劇的に向上させることに貢献をしてきたペシャワール会の代表、中村哲医師が12月4日、現地で何者かに襲撃されて亡くなりました。実はアジア学院の日本人卒業生の中にひとり、そして元職員の中にもひとり、ペシャワール会で現地スタッフとして中村医師と共に働いていた方がいます。彼らを通じてペシャワール会の現地の活動を少しだけですが知る者として、私は今回の中村医師の死に関する様々な報道に接し、思いを巡らせました。

中村医師は1980年代にパキスタンとアフガニスタンで医療活動を始め、その後水不足が多くの病気や難民の原因になっているとして、2003年、白衣を作業服に着替え、自らショベルカーを操作し、アフガニスタンの干ばつに苦しむ地域に用水路を引く「緑の大地計画」に現地スタッフと村人と共に着手します。それから16年間、コツコツと用水路建設を進め、これまでに1万6000haの涸れた大地が緑の耕作地に生まれ変わり、60万人以上が恩恵にあずかりました。国内では数々の賞を受賞し多くの人の尊敬を集め、昨年はアフガニスタン大統領から名誉市民権を与えられました。

中村医師の「緑の大地計画」にかける思いにはなみなみならぬものがありました。しかし国家プロジェクトにも匹敵するような壮大なプロジェクトを中村医師を中心とする小さなNGOが進めることには多くの人が不安を覚えたことと思います。中には夢物語か冗談だと笑った人もいたことでしょう。しかし彼は「水は命。100の診療所よりも1本の用水路。命を救うためには建設は一日でも早いほうがいい」と繰り返し人々を説得します。そして「無謀な計画だなんて恥じることはない」と人々を鼓舞《こぶ》します。

この時の彼の強い意志を蓄えた鋭い眼光をテレビ越しに見ながら、私は卒業生の皆さんのことを思いました。皆さんが先日発表した「夢」には、地域の人々の命を第一に考え、地域での健康で安全な食べものづくりが目標に掲げられていました。さらに底辺の人々の声なき声に耳を傾け、本当に人々が必要とすることを理解し地域全体の生活向上を目指す道筋が描かれていました。その中には、人々が出稼ぎに行かなくても自分たちの村で自分たちの力で食べていけるよう、地域にすでにある「眠れる」資源を活用し、経済的、心理的な依存体質からの脱却を図り、人々の自立を促すことを目指すものもありました。皆さんの夢が夢で終わらないように、地域の人々の理解を得ることを含め、周到な準備と計画が必要だと思いますが、同時に前人未到のアイデアだからと恐れて、歩みが鈍ることがないように祈ります。中村医師の言うように、命を最優先にした計画を恥じることはまったくないのです。中村医師のような強い意志の炎が皆さんと私たちの心にも燃やされ続けることを神様に祈っていきたいと思います。

さて、ここまでを書いたところで、中村医師が殺害される2日前、つまり12月2日に西

日本新聞に掲載された彼の現地からのレポート（「信じて生きる山の民」西日本新聞国際面２０１９年12月2日号）が、私の友人から電子メールで転送されてきました。これが中村医師のアフガニスタンから送られた最後のレポート、つまり絶筆になったわけですが、これが私の心に強く焼き付けられました。

中村医師は最終段階に入った「緑の大地計画」を遂行するために、今年10月に対象地域の中でも最も孤立した村に入っていました。伝統を重んじる村の指導者や家長たちに計画について説明し理解を得るためです。中村医師たちはこの会議に緊張して慎重に臨んだことと思いますが、そこで保守的で伝統を重んじる指導者から意外なことに、「専門家の諸君にお任せします。諸君の誠実を信じます。お迎えできたことだけで、村はうれしいのです」という言葉を受け、心が温まったと書いています。なぜ心が温まったのか。それは開発から取り残され、世界の辺境とも言われるアフガニスタンでさえ、都市部は他の国の都市と変わらぬような近代化を遂げていて、人々の心も徐々に変わっていき、このような言葉はもはや聞かれなくなっていたからだということを中村医師は語っています。

近代化と民主化はしばしば同義である。巨大都市カブールでは、上流層の間で東京やロンドンとさして変わらぬファッションが流行する。見たこともない交通ラッシュ、霞のように街路を覆う排ガス。人権は叫ばれても、街路にうずくまる行倒れや流民たちへの温かい視線は薄れた。泡立つカブール川の汚濁はもはや川とは言えず、両岸はプラスチックごみが堆積する。

干ばつの苦しみから水の恩恵を得て狂喜した人々でさえ、今や水の利権で争い合っている人もいるといいます。そのことに対し、「国土を省みぬ無責任な主張、華やかな消費生活への憧れ、終わりのない内戦、襲いかかる温暖化による干ばつ――終末的な世相の中で、アフガニスタンは何を啓示するのか」と中村医師は問うています。

そのような中で、誰も顧みない孤立した保守的な村に入り、「神と人を信じることでしか、この厳しい世界を生きられない」人々に出会い、「諸君の誠実を信じます。お迎えできたことだけで、村はうれしいのです」という言葉をもらうのです。そして中村医師は最後にこう言います。「見捨てられた小世界で心温まる絆を見いだす意味を問い、近代化のさらに彼方《かなた》を見つめる」。

この言葉がぐっと私の胸に突き刺さりました。アジア学院も同じ問いをずっと問い続けていると思いました。そして皆さんも今年私たちと共にそれを問い続けたと思います。アジア学院に来た時には、皆さんは近代化が、すべてとは言わないまでも多くの問題を解決してくれると思っていたかもしれません。しかし皆さんは、日本で近代化が生み出すものの醜さ、弱さ、もろさ、そして人間を疎外し抑圧する面もしっかりと目撃したはずです。だからこそ皆さんの夢は、多くの世界が目指す近代化や個人主義とは違うものになったのだと思います。皆さんはちゃんと、すでに近代化のその向こうの彼方《かなた》を見つめ、一部の恵まれた層だけが潤うのではない、コミュニティの皆がともに幸福になれる社会を思い描いています。そしてそこには健康で安全な食べものとそれを生み出す農業が基盤としてあり、一人ひとりの声を真摯に聴くサーバント・リーダー像がしっかりとあります。今日の聖句（イザヤ書48章18節）が言うように、真の平和は、個人の小さな世界にとどまるものとは比べものにならないものです。大河のようになみなみと流れ、周囲を潤し、輝く緑で埋めつくすものでないとならないのです。私は皆さんの描いた夢は、このような真の平和をもたらすものだと信じています。

アジア学院は皆さんの夢を心から誇りに思い、それがかなえられることを心から祈っています。神様のご加護が皆さんの未来の歩みの中に常に豊かにありますように。

（２０１９年　卒業式　式辞）

自然からのメッセージ

神は御自分にかたどって人を創造された。神にかたどって創造された。男と女に創造された。神は彼らを祝福して言われた。「産めよ、増えよ、地に満ちて地を従わせよ。海の魚、空の鳥、地の上を這う生き物をすべて支配せよ。」神は言われた。「見よ、全地に生える、種を持つ草と種を持つ実をつける木を、すべてあなたたちに与えよう。それがあなたたちの食べ物となる。地の獣、空の鳥、地を這うものなど、すべて命あるものにはあらゆる青草を食べさせよう。」そのようになった。神はお造りになったすべてのものを御覧になった。見よ、それは極めて良かった。夕べがあり、朝があった。第六の日である。

（創世記1章27―31節）

今、自然は私たちに対し、自然を制圧するなどまったく人間のおごりだと大きな声で語りかけています。自然を制圧するという人間の欲望は、人間が自然とは分離しているという信念から来ています。この二元論的な考えこそが問題の根源なのです。人間は、他のあらゆる生物がそうであるのと同じように、自然の一部です。ですから、自然と調和的な対話をしながら生きることは今、緊急に必要とされていることで、私たち人間がこのコロナ危機に学ばなければならない最初の教訓です。

(Satish Kumar, 'Voice of The Earth' Resurgence & Ecologist Issue 320 (May, Jun, 2020) https://www.resurgence.org/magazine/article5549-voice-of-the-earth.html：筆者訳)

これはインド人のエコロジスト、サティシュ・クマール氏（Satish Kumar, 1936 - ）がごく最近語った言葉です。彼はまた自然がこのコロナ危機を通じて私たちに強烈なメッセージを送っていることを受け入れなければいけないとも言いました。「これは自然の発するモノローグ（独白）です。自然は応戦しているのです」とも言いました。そしてこう続けます。「生物多様性を消滅させる原因となってきた人間の否定的な活動、例えば気候変動を

引き起こしている二酸化炭素や地球温暖化ガスの増加、公害、大地の汚染、熱帯雨林の破壊等は結果を伴います。コロナウイルスはその結果かもしれません」。

この災害は100年に一度の災害だと言われています。数か月前には誰もこんな事態になることを予測できませんでしたし、数か月後にどうなっているかも私たちにはわかりません。しかしひとつだけ明確なことは、今起きていることについて神様には明らかな目的があるということです。この時にここ（入学式）に来られなかった19名ではなく、あなたたちが、そしてここにいる私たち全員が今ここにいることにも明確な目的があります。その答えはすぐに明らかになるものではないかもしれませんが、それがわかってもわからなくても、神があなたたちを今年ここに、パンデミック（人獣共通感染症の世界的流行）の最中に、アジア学院に送られた理由があるのです。

アジア学院で自然の恵みを受け、有機農業を基盤とした生活を送り研修を行う私たちは、生きとし生けるすべてのものがつながっていることを理解し、日々それを実感しています。その観点からは、コロナウイルスのような新種のウイルスがなぜ発生したのかを理解するのはそう難しくありません。すべて生きるものは、動物も人間も、ウイルスもバクテリアも微妙なバランスと多様性を保ちながら共生しています。しかし森林を拓き、種を破壊し、人間中心の文明をつくり発展させていくことによってこの微妙なバランスが崩れ、それが人間にとって病原性の高い新しい病気を発生させるきっかけを与えてしまいます。エボラ出血熱の発生の原因は西アフリカの急速な森林破壊が誘引したという学説があります。コロナウイルスもまた、森林破壊によって生息圏が破壊されたコウモリに起因すると言われています。

しかし、こういった事実はあまり議論されません。私たちの目に日々飛び込んでくるのは、世界中の人間社会の悲惨な現状です。一方で、なぜそもそもこの病気が広がっていったのか、このことから何を学ぶべきなのか、そして人間は同じようなことを起こさないためにどう変わるべきなのかという根本的な問いはなされていません。私は皆さんがここに集められた理由のひとつは、すべてのものが相互に関係しつながっていることを、世界のもっと多くの人に知らせるためではないかと思うのです。アジア学院の生活様式を実践していくことで、そのことをもっと活発に、もっと広く伝えていかねばならないのだと思います。

創世記の2章には、神が人間にすべての生き物を管理する責任を与えられたことが書かれています。これは神が人間に与えた最初の責任で、同時に最も重い責任です。しかし、人間はずっとその責任の完全な遂行を怠ってきました。最初で最大の命に従うことができなくて、私たちはいったい他のどんな掟に従うことができるのでしょうか。なぜ人間は歴史から学ぶことができないのでしょうか。「母なる地球は泣いています」「地球が応戦しているのです」とサティシュ・クマールは言います。少なくとも私たちは今しばし立ち止まって、本来自分らが管理責任をもつこの母なる地球の声を聴くべきではないでしょうか。現に私たち人間は世界中で活動を自粛させられています。世界同時にこのような事態に陥るのは、おそらく歴史上初めてのことでしょう。この時間というのは、母なる自然の、そして神の声を静かに聴くために与えられた時間なのかもしれません。アジア学院ではすべての生きとし生けるものの声を聴くように努めています。しかし、そのリスニング能力をもっと鍛え、自然とコミュニケーションするための「言語」をもっと発達させていかねばならないのです。

コロナ後は世界が大きく変わると世界中の学者が言っています。ある経済学者は、経済活動はグローバルなものからもっとローカルなものにシフトしていくと言います。「AI（人工知能）」化、「IoT（Internet of Things モノのインターネット）」化によって自ら考えて動く機械が生活のあらゆるところに浸透する第4次産業革命の加速化がさらに進むという学者もいます。しかし、コロナ後の世界で最も根本的な問いになると思われる、人間と自然の関係について言及する人はあまりいません。

世界がどのように変化しようとも、自分たちが見て感じることに集中していきましょう。そして神様の最も忠実な Stewards《スチュワーズ》（管理人）でいられるよう努力し続けましょう。アジア学院の46年の歴史を通じて、私たちは生きとし生けるものの声をより正確に聴きとることができるように、感受性豊かな目と耳を養ってきました。インドの環境活動家であるヴァンダナ・シヴァ（Vandana Shiva, 1952-）の次の言葉を胸に刻んでいきましょう。

未来はひとつの地球に住む人類の一体感にかかっています。すべての人間は生物多様性と健康においては切り離すことができません。コロナ危機は分離、独占、欲、病気に代表される機械的で産業的な時代から、地球という惑星の文明にもとづくガイアの時代へとパラダイムシフトする新しい機会をつくり出します。私たちはひとつの地球家族で、私たちの健康は生態系の関係性、多様性、再生そして調和に根差しているひとつの健康を共有しているのです。（Vandana Shiva, 'One Planet, One Health: Connected through Biodiversity,' Navdanya International. ウェブサイト http://navdanya international.org/cause/one-planet-one-health/ ２０２０年：筆者訳）

神様が今年の研修を最も記念すべき、また意味あるものとしてくださいますように祈っていきましょう。

（２０２０年　入学式　式辞）

第二部　共に生きる「知」を求めて

震災とアジア学院——放射能被害からの教訓

アジア学院は1973年に栃木県の那須山麓に創設されたアジア、アフリカなどの開発途上国の農村指導者を養成する学校です。「ひとといのちを支える食べものを大切にする世界をつくろう——共に生きるために」という理念を掲げ、食べものを学院のメンバー皆で生産し、皆で共に食す、という人間にとって最も本質的な活動を中心に生活している共同体でもあります。「イエス・キリストの愛にもとづき、公正且《か》つ平和で健全な環境を持つ世界を構築する」という使命にもとづき、農村開発に必要な技術をもった有用な人材を、困難を多く抱える世界の農村地域に送り出すことを目的に事業を続けています。

アジア学院はキリスト教にもとづき、すべての人々は平等であると考えて、学院の理念に共鳴し、研修後、最も困難な生活を強いられている人々の生活向上に奉仕する決意がある者であれば、宗教、性別、人種を問わず研修に招きます。これまでの卒業生は世界56か国に約1，300名を数え（執筆当時）、今年（43期）は30名が19か国から選ばれて研修に臨んでいます。

また共に生きる社会をつくるために、人間社会だけでなく、私たちを取り囲み、私たちの命を支える食べものを育む自然環境、また生物の営みをも大切にするために、人の命を脅かす農薬の被害、化学肥料の過剰投入による地力の低下や農民の経済的負担、エネルギーへの過剰な依存を憂慮し、頑なに有機農業を守り抜いています。

2011年3月11日、マグニチュード9.0の日本観測史上最大の地震が日本を襲いました。その地震は巨大津波を引き起こし、東北の海岸地域が700㎞にわたって甚大な被害を受けました。最近の政府発表のデータでは、死者15，890人、行方不明者2，589人、負傷者6，000人となっています（2015年12月時点）。

この大地震によりアジア学院も被害を受けました。栃木県北部の震度は6弱。私たちは4月から始まる新学期に向けて計画会議の真っ最中でした。

この地震と津波の影響で、地震の翌日2011年3月12日、東京電力福島第一原子力発電所が水素爆発を起こし、放射性物質が、東北、関東一円に広がりました。放射線量の高い地域は避難地域に指定され、今年(2016年)に入ってからのデータでは、原発避難者20万人、そのうち福島県民が11万人であるといいます。原発避難者のための復興住宅の建設の完成率は2割に達していません。震災はまだまだ続いています。

福島第一原発の水素爆発を受けて、アメリカ政府は福島第一原発から80㎞圏内にいるアメリカ国民に対して避難命令を出しました。アジア学院は福島第一原発から直線距離で110㎞の距離にあります。文部科学省がその年8月に出した、放射性セシウムの蓄積を色分けして示した地図によれば、アジア学院の周辺は1㎡当たり1万~6万ベクレルのセシウムが沈着したことになります。しかしこの1万~6万ベクレルのセシウムが自分の住んでいる場所に沈着していると言われても、いったいそれが何を意味するのか、初めはさっぱり分かりませんでした。

原発事故の直後は情報が錯綜し、大変混乱しました。ここから避難するべきか否か?するとしたらどこへ避難すべきか? 汚染された土地で農業ができるのか? ましてや

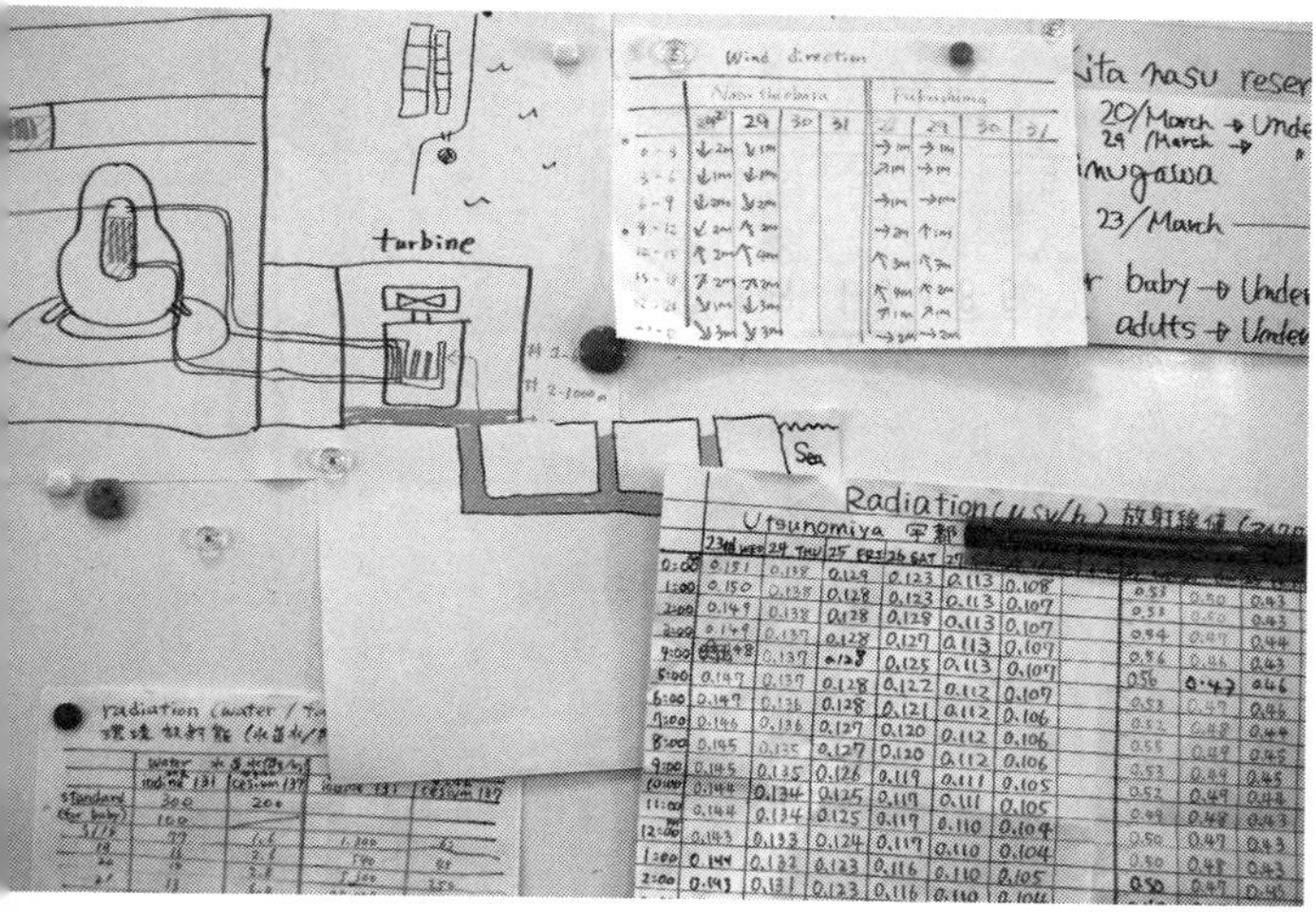

有機農業は？　アジア学院に入学を希望する学生たちは日本に来てくれるだろうか？　ボランティアやお客様はどうか？　そして私たちの健康はどうなってしまうのか？　水は？　空気は？　食べものは？　土は？

　こういった疑問がぐるぐると私たちの頭の中を駆け巡っていました。

　放射能は見えないし、臭いもありません。どこにどうあるのかまったくわかりません。私たちは恐れと不安に押しつぶされそうになりました。外国人の職員やボランティアもいましたので（学生はまだ到着前）、海外ニュースも含めあらゆる方法で情報収集を試みました。しかし、情報が足りません。しかも日本の政府の発表することと、海外メディア、また専門家の言うことが違っていることが多々ありました。専門家の中でも、放射能の被害は危険だという人、まったく問題ないという人と大きく差がありました（それは今も続いています）。健康被害についての判断もできずに私たちは完全に困惑しました。

そんな中、同じ栃木県北部に住む、かねてから親交のあった藤村靖之氏（工学博士・発明家）が、パニックになっている近隣の住民に向けて書いた、事故についての解説と今私たち住民はどう対処すべきか、ということをまとめた11頁にわたる文書がメールで送られてきました。事故から1週間後のことでした。この解説文は分かりやすいだけでなく、地元住民の視点で書かれていたために、具体的で説得力がありました。当時の暗闇の中を右往左往しているような私たちにとってまさに光でありました。

その文書の要点は次のようなものでした。

・この地域の汚染度は、今すぐに避難をしなければならないレベルではない。だからまずはおちついて実態を知るべし。

・誰かが答えをくれることを待つな。自分たちで真実を探そう。
・市民（自分たち）がお金を集めて、測定器を買って、自分たちで放射能を測ろう。空気も、水も、牛乳も、食べものも、土も、不安なものは何でも測ろう。
・一緒に勉強して、どのくらいの放射能がどう危険なのか、どうなったら危険なのか、何ができて、できないのか、その答えを自分たちで探そう。
・皆で一緒にやれば、絶対にできる！

公共のことは政府や自治体がするものという考えに慣れきった私たちにとって、これは驚きの行動宣言でした。不安に震えるような状態ではあったけれども、事態はここまで進んでしまっているという現実を直視する覚悟と、自分たちで動かなければ何も始まらないのだからやるしかないという心の準備がだんだんと、しかし確実に芽生えていました。この藤村先生の呼びかけは、不安におびえる他の多くの市民の心とすぐに共鳴し、やがて藤村先生を中心とする「那須を希望の砦にするプロジェクト」という市民運動の発足につながっていきました。

アジア学院もこの運動の発起人のひとりとして協力し、勉強会や測定に積極的に参加しました。最大で500人が参加したこのプロジェクトでは、数か月のうちに非常に多くの地点、また食べものや飲みもののデータが集計され、その年（２０１１年）の10月には参加住民の住む市町村の自治体に報告書と提言書を出すまでに至りました。私たちはその測定結果を基にさらに学習を積み重ね、那須で住み続けるため、事業を継続するための方策を、プロジェクトに参加した他の住民と一緒に考えていきました。

しかし実はこうした動きが本格的に始まるずっと前に、つまり震災の直後には、私たちは目前に迫っていたその年の研修を予定通り開始すべきかどうかの判断を迫られていました。

私たちは3月の末までにまず、①アジア学院のキャンパスは移転しない ②２０１１年の研修プログラムは実施する――という基本方針を立て、さらに次のような状況説明と方針を入国予定の学生たちにメールで伝えました。それは――、

「私たちは危機的な状況の中にあり、今年の研修プログラムはいつもとは違う状況下で行なうことになるが、新学期は1月遅れの5月2日から開始する。しかし次の３つの理由

から最初の3か月間は東京都町田市にある農村伝道神学校で研修を行う」ということでした。その3つの理由とは、

①建物、施設が研修に適した状態にまで回復していない。

②余震が続いている。

③福島第一原発の状態が安定していない。

ということでした。さらにそのような状況下で研修を行なうに当たって最も重要なことは、「学生の皆さんの健康と安全であり、質の高い研修プログラムを維持することに最大限の努力をすること」を強調しました。

こうして基本方針が決まると、私たちはその年の夏までには次の6つの独自の放射能汚染対策を立てることができました。すなわち、

①放射能に関する勉強と測定を続ける。

②自己消費または販売する食べものの放射性物質含有量の独自基準を設ける（一般の食品37Bq/kg、米・パン20Bq/kg、水20Bq/kg以下）。

③農場の除染対策を迅速かつ積極的に実施する（深耕、表土除去、ハウス栽培、代替肥料

の施肥、代替作物栽培等)。

④地域住民たちと共に立ち上げた「那須野が原の放射能汚染を考える住民の会(NRARP)」と協同で栃木県に対して健康調査の要望を提出する。

⑤国に対しては「子ども被災者支援者法」の実行と対象地域に栃木県北部を含めるように要望する。

⑥東電に賠償請求を行なう。

というものです。

そして2012年1月には、JEDRO(日本キリスト教協議会エキュメニカル震災対策室)から寄贈された放射能計測器(ドイツ Berthold 社製 LB2045 シンチレーション・スペクトロメーター)を有する市民測定所「アジア学院ベクレルセンター」を開設することができました。ベクレルセンターは、NRARP のメンバーが測定ボランティアとなって運営をしてくださっていて、アジア学院の農産物はもとより、持ち込まれたものは拒まず何でも測定し、積極的にデータ収集を行っています。那須塩原市で行っている計測は家庭菜園の農作物の持ち込みに限るなどの制限がありますが、私たちの計測するものには制限がなく、計測時間も長く、計測後の結果の詳しい説明を行っているので、開設から4年半で400件以上の検体の持ち込みがありました。これまでの計測と分析から分かったことは、

① 全検体の約7％が政府基準の100Bq/kgを超えているということで、まだまだ油断は許されない。

② 同じ種類の食べ物でも採れる場所、時期、天候、使用した水や土によって値は変わるので、「測ってみなければ分からない」ということです。

原発事故は私たち人間が生活する上で不可欠な自然の循環を破壊しました。特にアジア学院の場合、自然の循環に則した有機農業を基盤としているので被害は甚大です。破壊された自然の循環を元に戻すのには膨大な労力と時間とお金がかかります。しかもたとえ膨大な労力と時間とお金をかけたとしても、完全に元に戻すことは不可能でしょう。事故から5年近く経って学院の畑で栽培される作物に含まれる放射性物質は微量になりました。しかし、耕作しない山林で採れる山菜、きのこ類、いのししなどの野生動物等からは今でも驚くような数字が出ることがあります。さらに木灰、針葉樹の葉、雨樋に溜まった土な

どからは今でも非常に高い値が出るので注意が必要です。私たちは最低でも10年間（あと5年）はこのベクレルセンターを継続し、未来に役立てるためにデータの蓄積を行いたいと思っています。

約100年前に、栃木県出身で日本で最初の環境保護者と言われ足尾銅山鉱毒公害問題と闘った田中正造《しょうぞう》（1841 - 1913）という政治家がいました。足尾鉱毒事件は19世紀後半に、栃木県足尾の銅山開発によって、鉱毒ガス、鉱毒水などの有害物質が山、川、田んぼや畑などの周辺環境に著しい影響をもたらした公害事件です。日本で初めての公害とも言われています。しかし、当時銅山開発は日本の経済を支える基幹産業であったために、企業も国も人命よりも経済を優先し、田中正造らが中心となって行った激しい鉱毒反対運動にも関わらず、銅山は閉鎖されることはなく、問題が究明されることはありませんでした。

この足尾鉱毒事件のあらましを、「19世紀後半」を「現在」に、「有毒物質」を「放射能」に、「足尾銅山」を「原発」に置き換えて考えますと、まさに今回の福島第一原発の事故のあらましと同じ構造が見えてきます。つまり、「『現代』では、『原発』によって『放射能』が山、川、田んぼや畑などの周辺環境に著しい影響をもたらしたが、『原発』は日本の経済を支える基幹産業であったために、企業も国も人命よりも経済を優先し、激しい原発反対運動にも関わらず、『原発』は止められることはなく、問題が究明されることもなかった」となります。同じ構造は『水俣』と置き換えても見えます。つまりこの国はこの構造を持ち続けたまま、悲劇をまたも繰り返してしまったのです。

この事故から4年半。私たちはどんな教訓を得たのか。個人的にはみっつの教訓があると思っています。

ひとつ目は、自分たちは被害者であると同時に加害者でもあるという拭えない事実です。アジア学院では毎年、途上国の農村リーダーたちと足尾と水俣を訪ねます。事前学習をし、講師を招いて話を聞き、実際に現地に赴き被害地を見て、被害者の言葉を聞く。こうして長時間を費やし深い学習を通じて、私たちは被害者の方々や患者さんの方々の気持ちを理解していたと思っていました。しかし、震災後の自分たちの経験を経て、それは思い込みであることに気づきました。今は自らが被災者になって初めて、ほんのわずかではあるけれども、怒りと無念と痛みとが入り混じったような非常に複雑な被害者の気持ちがわかるようになった気がします。しかし、同時に、この事故に至るまでの原因に対する自分たちの無関心、無責任さを深く悔いています。そして、その責任はとても大きいと思っています。私たちは被害者であり、そしてこれまでの原発行政に対して何もしてこなかったという意味で、事故を引き起こした当事者としての責任も同時に併せ持っています。私たちは、この十字架を背負ってこの問題にどう向き合っていくべきなのか。私たちは、これからも原発の問題性に関わり続ける、つまり原発の問題を直視し原発に反対し続ける、そして最終的には国のエネルギー政策の方針が転換されるように、私たちに出来ることに協力する、そのことでこの責任をとっていかねばならないと思っています。

ふたつ目の教訓は、私たちの行っている農村指導者養成において、途上国の農村リーダーたちに経済中心の開発の問題を明確に示し、真の文明について問を発信し続ける必要があるということです。「真の文明は、山を荒らさず、川を荒らさず、村を破らず、人を殺さざるべし」とは、前述の田中正造の残した有名な言葉です。アジア学院の途上国の農村リーダーたちからは、日本の足尾よりも、水俣よりもひどい現実が母国の農村コミュニティにあることを聞かされることがあります。人々の教育レベルの低いことをいいことに、貧しさに付け込み、想像しがたいほど劣悪な環境で危険な作業を強いられている弱者がいる地域が世界には数えきれないほどあります。その問題に、そこの住民自身が目覚めていくことも大切ではありますが、それと同時に重要なのは、そういった事態を許している、国や地域が目指している誤った「開発」の方向性に気づくことです。そして間違った方向を修正、是正するための方法、技術、ネットワークを学院にいる間はもちろん、卒業してからも卒業生間で共有できるように、そして互いに協力できるようにサポートしていきたいと考えています。

そしてみっつ目に、これこそが根本でありますが、こういった一連の行動がキリストの愛による平和の道を歩む中で行われなければならないということであります。私はこの上記の一連の行動を「戦い」と呼びたくないと思っています。「戦い」ではなく、被害者も当事者も、途上国の指導者も、農村のリーダーたちも、そのリーダーと共に歩む声なき声を持つ最も弱く貧しい人たちとも、キリストの平和の道を「共に歩む」ことを求めて生きて行きたいと考えています。そうでなければ私たち人間は、ただいがみ合いを続け、傷つけ合いを繰り返し、解決どころか双方はどんどんと遠くに引き裂かれていくばかりで誰も前には進めないからです。

私の所属する西那須野教会では、アジア学院の韓国人の卒業生で、アジア学院の職員を10年務めた潘《バン》 炯 旭《ヒョンウック》 牧師が今年（2015年）4月から主任牧師を務めています。その潘牧師から私は今年8月のある礼拝で大変心に残るメッセージを聞きました。

キリスト様は十字架で平和をつくりました。十字架は平和をつくる真の道です。聖書が教えている平和の道は十字架です。十字架がない平和は本当の平和ではありません。二つの間にある壁を壊すのは、力ではなく、軍隊の武力や銃刀で崩すのでもなく、十字架の愛です。神の教えに勝る平和とは、自分自身が十字架を背負って、十字架の道を選び、非暴力、無抵抗の道を歩む時に与えられる平和です。

イエスは平和を求めました。今も韓国と日本、日本と中国の間には大きな壁があります。互いに軍隊の力によって平和をつくる話をしていますが、軍隊が守る平和とは偽りの平和です。互いに十字架を背負って互いに罪を告白し、神の愛によってつくる平和を待ち望みませんか。

憲法を変えて国を守って平和をつくるのではなく、考えを変え、心を変えて、イエスの心、イエスの愛を実践するとき、真の平和はつくられるのです。

相手を変えようと戦いを挑むのではなく、キリストにより頼み、キリストの愛を実践する。それによって真の平和はつくられる。傷が深ければ深いほどそれは難しいことであるけれども、だからこそ、それしか他に道はないと思うのです。

私もアジア学院もそのような道を歩みたいと願っています。

(『福音と世界』2016・1月号)

食といのちを分かち合う

アジア学院は1973年に栃木県の那須山麓に創設されたアジア、アフリカの農村指導者を養成する学校です。「ひとといのちを支える食べものを大切にする世界をつくろう―共に生きるために」という理念を掲げ、食べものを共に生産し、共に食すという人間にとって最も本質的な活動を中心に生活している共同体でもあります。「イエス・キリストの愛にもとづき、公正且つ平和で健全な環境を持つ世界を構築する」という使命にもとづき、困難を多く抱える世界各地の農村の草の根リーダーたちに、農村開発に必要な技術や知識を身につけてもらい、サーバント・リーダーとしての資質を磨き、再び元の地域に戻って、自立した豊かな農村をつくり上げていく人材を送り出すことを目的にしています。

アジア学院の前身は日本基督教団農村伝道神学校（東京都町田市）内に1960年4月

に開設された東南アジア農村指導者養成所です。その養成所は、アジアの国々の農村牧師が農村開発に有益な技術を習得することを目的に設置されましたが、神学校内に設置されることとなった意義について、アジア学院40周年誌には、「第二次大戦において日本の諸教会が戦争協力に加担したことに対し、戦争責任を告白し、具体的な贖罪《しょくざい》の歩みを始めることにあった」とあります。今でこそアジア学院はアジア諸国のみならず世界中の開発途上国から農村指導者を招いていますが、それでもアジア学院がその名前に「アジア」という言葉を維持しているのは、アジアの中にあって、アジアの人々との和解のためにアジア学院があることを忘れないためでもあると思っています。

アジア学院はキリスト教にもとづき、すべての人々は平等であると考え、学院の理念に共鳴し、研修後、最も困難な生活を強いられている人々の生活向上に奉仕する決意がある者であれば、宗教、性別、人種を問わず受け入れます。具体的には開発途上国の農村地域の開発事業に3年以上携わっている農村のリーダー、開発ワーカー、宗教指導者などです。またアジア学院の使命に共鳴する日本人も毎年若干名ですが研修に受け入れています。現在までに世界54か国約１４００名の卒業生が、草の根で平和で公正な社会の実現のため、地道な活動を続けています。

アジア学院の農業と食

アジア学院の特徴は何といっても食べものを中心に据えた生活を基盤に農村指導者研修を行っていることですが、これをアジア学院では「Foodlife《フードライフ》」と呼んでいます。これは見ての通り、食べもの（Food《フード》）といのち（Life《ライフ》）をくっつけて1語にしたもので、このふたつは切り離すことができない、双方が双方にとって必要不可欠であるという事実と概念から派生したアジア学院用語です。Foodlife は自分たちの食べものをつくるために必要な活動、つまり農場での農業生産活動全般、調理、加工、食べること、食べものを分ち合うこと、残飯をリサイクルして有機肥料をつくることなどのすべてを指します。そしてこのFoodlife は私たちに有機農業、食べものの大切さ、労働の尊厳、食料自給の必要性についての理解を深める豊かな機会を与えてくれます。

自給と自立

私たちは毎日かなりの時間とエネルギーをFoodlifeの作業に費やし、自分たちで食べるものはできるだけ自分たちの農場で自給しようと試みています。それだけでなく、農産物を収入の糧にもしています。食料自給は人間の自立においてとても大切な要素であり、食べものの自給が人間の精神的自立（自由）、自己尊厳の根源と深くつながっていると考えています。

人類はその歴史が始まった時から、家族単位で、また家族総出で、一日の大半を使って食料を生産し、確保し、保存し、それによって家族が存続する、家族として自立することを可能にしてきました。それはつまり子孫を残す環境があるということ、食料が一定期間分、十分に確保されているということです。またひとつのコミュニティ、ひとつの村が独立、自立しているということは、村単位、コミュニティ単位で、食料を確保し、保存するすべを持っているということと大変深い関係があります。人間の生存＝食料の確保なのです。

ところが現代では、多くの人が食料がつくられるプロセスをほとんど知らないどころか、食料をつくる努力をしなくても、お金さえあれば簡単に食料が手に入ります。そのことと現代の人間の自立と何か関係はないのか。私は無関係ではないように思えるのです。つまり、自立しない、したくない、する気力も失ってしまう人間が増えていることと、食べものを自分たちの大地で自分たちの手でつくることが普段の生活から切り離されていることとは、関係性があるように思えて仕方がありません。

日本の場合、食料の60％を他の国に依存しています。このことをもっと人間の自立、特に若者の自立という観点から重要視していかなければならないのではないかなと思っています。60％の食料が他の国から入ってきているということは、その食料をつくるために必要な土や水などの資源はもちろん、人の労力も食料生産技術も知恵もすべて他国に頼っているということです。また農業生産活動が減るということは、脈々と受け継がれてきたそれらに関する文化、いのちが与えられるという神秘の実感とそれを育てていく責任感、また自分の大地に自分の足でしっかり立つという自立の感覚すらも薄れていくことを意味します。それは人間にとって大きな欠陥につながると思うのです。

アジア学院創設者の高見敏弘は、「自分たちが食べる食べものに真剣でないのは、自分のいのちを生きることにも真剣でないと言えまいか。自分たちが食べるものが何処でどうつくられ、どのようなものであるかを知ろうとしても、容易に知ることが出来ない社会は、いのちをいい加減に扱う社会である」(『乏しさを分かち合う』7頁)と言いました。途上国の人だけでなく、日本人も含めすべての人間にとって、人間の自立と深く関わる活動として、またいのちと正面から向き合うために食料自給を目指すのです。

和解の道具としての農業と食べもの

食べものを一緒に育て、収穫し、屠殺し、調理し、共に分かち合っていただく、この連綿と続く一連の作業は、アジア学院の多様な背景をもつコミュニティメンバー一人ひとりを結びつける、また何らかの理由で人間関係が分断していても、再びそれをつなぎとめる役割を果たします。互いの間にどんなことがあっても、私たちは神様の恵みである自然と協働して、自分のためだけでなく、他のメンバーのために食べものをつくるという、決して楽でない作業を時間をかけて汗して行うのです。労力的にも時間的にも一番エネルギーを費やす米づくりは、その年のメンバーは新米をほとんど食べることなく卒業してしまうので、作業は翌年に来る人のためということになります。そして今年のメンバーは昨年のメンバーの労働の賜物をいただくのです。そういった他の人のため、未来の人のための思いと労苦の結晶としての食べものが、わたしたちの中にいつしか、言葉を超えて互いを赦し、和解する人間へと変えられていく何かを植え付けているような気がいたします。

このことを体現したような伝統的な風習がインドネシアにあると学生から聞きました。アジア学院のインドネシア人卒業生が多く所属するバタック・カロというインドネシアの部族には、コミュニティの中でいさかいがあると、一方が他方を家に招いて、食事を共にして言葉によらないで和解をする「Pur Pur Sagi《プルプルサギ》」という風習があるそうです。和解をする準備のできた方が、風習にのっとって対立する相手側を正式に自分の家の食卓に招き、招きを受け入れたことで和解を受け入れる用意のあることを示して、食べものを共に食べることで和解を成立させるというのです。

1994年に史上最も残忍と言われた民族同士の集団殺害があったアフリカのルワンダには、和解のためのプロセスとして、かつて殺し合った民族が共に家畜を育てるという活動があります（佐々木和之らの「人々の癒やしと和解」プロジェクト）。命を奪いあったからこそ、共に命を育むことを体験して互いを赦すということに導かれていくというのです。このように、食べものそのものと、それを共にいただくということが和解の象徴であり、実際に和解を取り持ってくれるのです。

平和の象徴としての鋤

主は国々の争いを裁き、多くの民を戒められる。
彼らは剣《つるぎ》を打ち直して鋤《すき》とし
槍《やり》を打ち直して鎌《かま》とする。
国は国に向かって剣《つるぎ》を上げず
もはや戦うことを学ばない。(イザヤ書2章4節)

この聖句で、剣は暴力や戦争を表し、鋤は平和を意味します。鋤はまた農具であります。この意味で、農業と平和は同義のものとして考えられます。アジア学院には学生たちの多くが紛争や対立の問題を抱えた国からやってきます。それぞれの国が、またその国の国民がその傷と苦しみの癒しと和解を必要としています。例えば東ティモール、ミャンマーのカレン、シャン、カチンなどの少数民族の諸州、東北インドのナガランド、マニプールなどの州、スリランカ、南インドやフィリピンの少数民族の住む地域、アフリカ大陸ではカメルーン、リベリア、コンゴ民主共和国、シエラレオネなどは、戦争の傷跡もまだ生々しい地域で、アジア学院がよく学生をお招きする国です。東ティモールがインドネシアとの壮絶な戦争を経て独立したのは、わずか16年前ですし、最近増えているアフリカ人の学生の中でも、カメルーンでは英語圏の独立を掲げる分離独立派と治安部隊との衝突が日に日にエスカレートしていて、隣国へ難民も出ている状況です。

また、目立った戦争や対立がなくても、貧困や自然災害、病気の蔓延で苦しむ地域からの学生も多くいます。この学生たちが、日々アジア学院でのFoodlife《フードライフ》を通じて、まさに剣を鋤に、槍を鎌に持ち替えて、皆のための食べものづくりに精を出し、平和と和解を希求する人間へとつくり変えられていきます。そして卒業後はそれぞれの地域の草の根で、サーバント・リーダー（仕える指導者）として、和解と赦しと平和と癒しを必要としている人々と農と食べものを通じて共に生き、活動を続けます。

農業と和解

創世記1章－3章には神が世界を創造された時に、人間に「土を耕し守る」役割と責任を与えたことが記されています。ある神学者はこの「土を耕し守る」はヘブル語の意味に立ち返ると、正確には「土に仕える」ことだと言いました。そして「本来、土は神と人の間に位置づけられるものであり、人は土に仕え、土を守ることを通して神に仕える者とされていると言い換えてもいい」と言っています。また神が人間に最初に与えた名前はアダムですが、これはもともと「土」を意味する「アダマ」から来ていると言われています。この神学者はこのことから、「人間はその生命存在を土と神に全く依存している」と言っています（農村伝道神学校学報、2016年、161号）。

そのことから、わたしたち人間はどのような方法で農業を行っていくべきかが自ずと見えてくるのではないかと思います。食料生産のためだけではなく、人間は神が創造された自然、土を守り仕える役割と責任を与えられているにも関わらず、ずっとそれに背き、自然を壊し続けています。人間は神に赦しを請わなければならない存在なのです。

その点でアジア学院で行っている、有機農業は神と人間の和解を推し進める行為と言えるかもしれません。有機農業はできる限り自然の法則に則って食料を生産する業です。アジア学院では愛情をこめて土を耕し、世話をし、育て、守ります。それは仕える姿勢に他なりません。有機とは「生命力を有すること」という意味です。破壊してしまった大地を出来るだけの努力をして再び生命の宿るところに戻す、そうして神との和解を推し進めることができると思います。

アジア学院の副校長で農場長の荒川 治氏はこう言いました。

自然の中に神が創造された法があると信じ、その法に敬意を払って初めて、十分な食べものを持続的に得ることができます。もし農民が土に強制的に食べものを生産させれば、自然の生態系を壊し、病害虫が大量発生することになるでしょう。人は食べものを育てることを土に強制してはならないのです。

社会正義と食べもの

アジア学院創設者の高見敏弘は「アジア学院は今、そしてこれからも社会正義の実現の

スリランカの芸術家ナリニ・ジャヤスリヤさんの壁画

ために存在する」と言いました。「社会正義」を次のようにとても簡潔に定義しました。

世界の人がひとりの例外もなく、分かち合う喜びを感じながら豊かな食卓につくことができること。（『共に生きるために――アジア学院20年の歩み』アジア学院、1993年、42頁）

これは簡単に聞こえて実現は実に難しく、むしろ社会が進化するにつれますます難しくなっていくようなことではないかと思います。食卓が貧しいところには争いが起きます。空腹だと人間は卑屈になり、怒りやすくなります。その背景には必ずといっていいほど不正や不平等が存在します。逆に食卓が食べものであふれていても、分かち合う喜びのない食卓は精神的に貧しい食卓です。誰がどのようにつくったのかということに無関心な食卓も、豊かな食卓とは言えません。今、全国で「子ども食堂」の設置が展開されていますが、それは子どもが分かちあう喜びも知らないで、また満足に食べられない状況に多くの人が社会の不正義を感じて、居ても立っても居られず行動に出た結果だと思うのです。

食べものは土（人の手による持続可能な農の営みと自然の保護）を介して神といのちを直結するものとして、平和と和解の道具となります。人間関係を修復し、心を癒し、社会を豊かにします。また食べものを分かち合うことは社会正義の始まりで、社会全体に真に豊かな食卓が実現することが社会正義の究極のゴールです。食べものを分かち合いましょう。共に生きるために、食べものを分かち合いましょう。神の国への一歩として。

（『福音宣教』2月号掲載、2019年）

農村伝道はどこへ？

すると、正しい人たちが王に答える。『主よ、いつわたしたちは、飢えておられるのを見て食べ物を差し上げ、のどが渇いておられるのを見て飲み物を差し上げたでしょうか。いつ、旅をしておられるのを見てお宿を貸し、裸でおられるのを見てお着せしたでしょうか。いつ、病気をなさったり、牢におられたりするのを見て、お訪ねしたでしょうか。』そこで、王は答える。『はっきり言っておく。わたしの兄弟であるこの最も小さい者の一人にしたのは、わたしにしてくれたことなのである。』（マタイによる福音書25章37―40節）

本日、私がなぜ「農村伝道」というテーマを選んだのか、不思議に思われている方もいるのではないかと思います。この教会の過去の説教題を調べたことはありませんが、おそらく私が西那須野教会に通っているここ20数年間でも、「農村伝道」が説教題に上がったことはないのではないかと思います。西那須野教会だけではなく、それは日本の他の教会でも同じではないでしょうか。日本の多くの教会は、この教会であっても、農村伝道の結果生まれた教会であるにも関わらず、現在の日本ではすでにこの言葉は大変なじみの薄い言葉になってしまいました。そもそも日本にもう農村と呼ばれるところが果たしてあるのか、よって「農村伝道」なんてもう死語ではないだろうかと思っている方もいるのではないかと思います。

しかし、農村伝道神学校にルーツを持ち、アジア農村指導者養成専門学校という名前をもつ私たちアジア学院の人間にとって、また世界の農村からやってくる学生にとって、農村伝道は大変身近で重要なテーマであるのが事実です。

また、本日、特にこのことをテーマにしたいと思ったのは、アジア学院理事長の星野正興《まさおき》先生が、3年前の『福音と世界』(2016年6月号)に書かれた『「農村伝道」は「失敗」だったか?』という記事を最近再び読み、その内容に触発されたからです。ですので初めにその記事をちょっとご紹介したいと思います。

その記事はわずか5頁のもので決して長いものではないのですが、農村伝道という言葉が1921年にアメリカで最初に使われた時から、その後の日本での展開、特に星野先生ご自身が50年以上に亘ってこれまで関わってこられた農村伝道、それを取り巻く農村社会の変化、最後に将来の展望などが、とても簡潔にまとめられていました。そしてそこで強調されていたことは、農村伝道は初めから「『農村の窮状』に着目した極めて社会運動的な用語だった」ということです。日本においては、賀川豊彦によって、1924年の日本基督教連盟の第2回総会で初めて「農村伝道についての建議」というものが提案されて、それが採択された時にも、「農村伝道」の意味は「伝道」という側面よりも、農村の社会的要請に応えるというかなり社会的な命題が前面に出ていた、と星野先生は分析しています。

賀川豊彦が日本農民組合を結成したのも農村伝道の一例として捉えており、その他、貧しい農村において教育や医療の改善といった社会的な課題に応えてきた歴史的な事実から、星野先生は「『農村伝道』は教会の社会活動であった」と明言しています。

しかし、この「『農村伝道』は教会の社会活動」という指摘は、最初に申しましたように、日本の農村の実態を深く知る前にアジア学院に関わった私のような者からみると、驚くようなことでもなんでもなく、ごく当然のことのように思えました。言うまでもなくアジア学院の学生、卒業生は、農村の人々の生活向上のための社会活動に携わる人たちです。その中でもキリスト教会に属する学生、卒業生たちの団体は、教会の使命として、農村社会のありとあらゆる問題に対処するために、多角的に取り組んでいます。アジア学院の側から見ると、農村伝道は、まずまぎれもなく教会の社会活動です。「飢えている教会員を前に、その窮状に対して何もしないで、教会に来なさいなどとは言えない」と、アジア学院の学生が言うのをよく耳にしますが、まずは最低限の物質的な必要を満たすこと、まず人々が喜んで教会に行けるような生活環境を整えることが農村教会の使命、優先課題なのです。

例えば、1月に私が訪問したケニアのケニア聖公会の農村開発部門（Anglican Development Services of Mt. Kenya East）のポスター（写真参照）です。この団体からはこれまでに4人のスタッフがアジア学院に送られています。ポスターはその団体の事務所に掲げられていたもので、真ん中には大きくFood Security（食料安全保障）と書いてあります。この団体が1980年代から取り組んでいる中心課題です。そしてその下にはこう書いてあります。

農村開発部門（Anglican Development Services of Mt. Kenya East）のポスター

> １９８０年設立以来、私たちは貧困と栄養失調の撲滅を目的として活動し、適正技術の導入、地場食品の推奨、野菜作物と畜産の増産を進めます。
>
> 在来種の野菜、耐乾性（乾燥につよい）品種、早生品種、そして水の有効利用によって乾燥地帯の農業を実践します。
>
> （筆者による日本語訳）

教会の社会活動の中心が、人々が健康に生きることのできる食料を確保することとはっきりと掲げられています。しかし、この団体の活動はそれだけではありません。食料安全保障と並んで、自然資源管理、持続可能な生活、能力開発とコミュニティ開発、社会開発（非人道的な慣習の除去、平和と正義の啓蒙活動）、健康増進、そして全国にある活動センターの自立的活動の推進という7つの広範囲に亘る分野の活動を非常に組織的に推し進めています。

教会がここまで社会活動に踏み込むことに驚く方もいるかもしれませんが、この団体が何も特別なわけではなく、このケニア聖公会の団体の例は、ある意味で私たちの知るいわゆる開発途上国の典型的な教会主導の農村開発活動ともいえます。この団体の場合は、ケニア国内の5つの地域に事務所と活動センターと病院を持ち、約200人のスタッフを擁し、政府機関とも連携して、専門的な技術や知識を持った有能なスタッフを配置しています。教会の社会活動が農村の人々の生活に密着し、ニーズに的確に応え、なくてはならない存在になっているのです。開発部門は教会組織の中の大変活発で重要な部署なのです。

日本の教会でも社会問題に取り組む部署は当然あります。でも別組織をつくり、専門のスタッフを抱えて専門的に活動しているケースは少なく、牧師と少数の教会員が他の役目をいくつも兼任しながら関わっている場合が多く、決して活発とは言えません。今日本で子どもの貧困、虐待が大きな問題になっていますが、この問題に取り組む教会、地区はまだまだ少なく、専門家を有して専門部署をつくることなど、夢のような話ではないでしょうか。途上国と言われるところでは、また農村地域ではなおさら、行政の機能や財政基盤が弱く、政府以外のNGOや教会が担わなければならないことが多いので、必然的にそのように発展せざるを得ないのかもしれませんが、星野先生のいうところの「『農村伝道』は教会の社会運動」というのが、教会の命題として大変活発に展開されているのです。そしてその点で、日本の教会は学ぶことがとても多いのではないかと私は思います。

さて、星野先生は50年に亘るご自身の農村伝道との関わりを振り返って、このように言っておられます。

私は、農村伝道に関する先の論考で、「私の農村伝道は失敗であった」と書いた。その思いは基本的には変わらない。地域に長く生きていた農民（農家）への伝道を試みて来たが、教会には誰も来なかった、ということである。
共に、コメをつくり、その他の農作業を共にした。農村に知人は増えた。地域の行政に関わることもできた。しかし、教会の礼拝には誰も来なかったし、もちろん洗礼を受ける農民もいなかった。それをもって「失敗であった」と言ったのである。

（中略）

もし、農村伝道というものが、受洗者を増やして礼拝出席者を伸ばすことだとするならば、それはまことに至難の業であると言えよう。かつては農村教会だった教会も、地域の変動とともに農村ではなくなった地域に立っているし、その地で農業を担う者はほとんど教会には集まらない。今、農村教会と呼べる教会は本当に指折り数えられるくらいしか存在しない。

それでも、「しかし」と先生は続けます。

私は、この状況を見て、前回書いたような「農村伝道は失敗であった」という言い方はしたくない。では何と言うのか。確かに「農村伝道」は、つまり農村における伝道は失敗だったと言えよう。だが、農村におけるキリスト教運動は決して失敗とは言えぬ。「農村伝道」の本旨は人数を増やすことでも受洗者を増やすことでもなく、1（前述）に述べたような農村におけるキリスト教社会活動の諸命題を実践することだったからだ。

そして、星野先生は、ではこれからの農村伝道はどうなるのかと考察されています。もし「農村伝道」が本来の姿、つまり農村における教会の社会活動に戻るとするならば、これに全教会の意思として取り組まなければならないだろう、と言っておられます。例えば、日本の地方において農村社会活動を行ってきた「農村センター」を財政難から救って全教会的に支えていくことが求められる、と言っています。さらに、アジア学院にも言及して、アジア学院の活動も「農村伝道」と位置付けて、全教会的にアジア学院の働きを支援することも、提案しています。

そして結論として、新しい「農村伝道」がなされるためには、だれしもが持っている「伝道」「教会」についての固定観念を取り払っていかなければならないだろうとしています。「農村固有の問題を取り上げるには、新しい方策を考えねばならず」、と続くのですが、残念なことに、先生は、「それには紙面が足りないので、今後の「農村伝道」の方策展開については、次の人たちにお任せしよう」、として記事を締め括っています。

私はそのちょっと突き放したような終わり方を読んだ時、自分に宿題を投げかけられたような気持ちになりました。そしてその時に、安積力也先生の話を思い出しました。安積力也先生は、5年前に山形県のキリスト教独立学園高校の校長を最後に引退されましたが、新潟県の敬和学園中学校・高校の校長なども歴任され、いわゆる日本の農村地域で長く教育に携わってこられた方です。私はこの安積先生がよく話されていた「辺境」という言葉を思い出したのです。

そして安積先生が数年前にＩＣＵ教会で話された「『辺境』を生きる教師へ」という説教の中で、このように言っておられたのを見つけました。

> 「辺境」とは「中央から遠く離れた国ざかい」を指す言葉です。英語で言えば、“margin《マージン》”がこれに近い言葉でしょうか。その“margin”の原義（もともとの意味）は「

水辺」。へりとか、縁《ふち》を指します。要するに「辺境」とは、中心から一番遠く離れた所のことであり、転じて「あまり重要でない」「中央や中心に比べて影響力を持っていない」、したがって「取るに足りない場所」だというマイナスの含意を持ちます。社会の中央に住んでいようと地方に住んでいようと、「中央志向」意識にとらわれている人間にとっては、「辺境」とは、この程度の意味しか持ちません。

しかしもうひとつ、近い言葉がある。"frontier"《フロンティア》という米語。これはご承知のように、「開拓地と未開拓地の境界地帯」を指します。この意味での「辺境」とは、一方では、「中央」の力が及ぶ限界を示す場所であり、言い方を変えれば、「この世」の力・人間の自力の力の限界が否応なく露呈する場所です。しかし逆に見ればこの場所は、その限界や行き詰まりを突破する可能性に一番近い場所なのです。私は、この意味での「辺境」に限りなく惹かれながら、その後、いくつかの小さなキリスト教学校現場を生きてきました。

私はこれを読んで、アジア学院の学生たちの母国での活動と結びつけて、また先の星野先生の宿題の答えとして、「農村伝道」を「frontier」の意味を含む「辺境伝道」と置き換えて考えてみてはどうかと思いました。そう思うと、なんだか力が沸いてきませんか？

アジア学院の17のキーコンセプト（研修の土台となる基礎概念）のひとつに「Serving《サーヴィング》 marginalized《マージナライズド》」というのがあります。先ほどの「辺境」の訳、「margin（縁）」の動詞にmarginalize《マージナライズ》という単語があり、〈人・ものを〉重要視しない、無用のものとして扱う、軽んじるという意味です。ここか「marginalized《マージナライズド》 people《ピープル》」とは重要視されない人、無用と思われている人、軽んじられている人、虐げられている人という意味になります。そして本日の聖書の箇所にある「最も小さい者のひとり」こそ「marginalize」された人であります。

安積先生の言葉をお借りするならば、農村伝道あるいは辺境伝道は、「Serving marginalized」、すなわち虐げられている人々に仕えることとイコールで、仕える者にとっては、最も不利な場所で、しかし同時に自分の力の限界を突破する可能性に一番近い場所で神に仕えるということになります。このことに都会も農村もありません。中央、権力から遠く離れた所、重要と思われない場所、取るに足らないと思われる場所、軽んじられる場所、つまり「margin（辺境）」は都会の中にもあります。むしろ人間関係が薄く殺伐とした都会にこそ、この「marginalize」された人々は多いと言っていいかもしれません。

となると、日本の農村伝道は失敗か、終わりかなどと言っている場合ではなくなってきます。農村伝道、辺境伝道には限りない可能性と使命があると思われてきます。今すぐにでも出て行って行動を起こさなければならないほどだと思います。私たちがそれぞれの置かれている場所はどこなのか、その場所での辺境（margin）とはどこなのか、辺境の人々（marginalize された人々）とは誰なのか、私はその方たちが見えているか、見えていたとして果たしてその人たちに仕えているか、仕えようとしているか、自分の力の限界を突破する可能性に一番近い場所で果敢に神に仕えようとしているか、それを問うて行いに変えるのが農村伝道・辺境伝道ではないかと思うのです。

アジア学院の２０１９年度の学生たちが今日初めてそろってこの礼拝に出席いたしました。教会の皆さんにはアジア学院の学生たちをいつもとても温かくお迎えいただいて、学生たちも皆さんとの交わりをとても楽しみにしています。遠い国から、文化も言葉もまったく違う土地で、家族と離れて母国の人々のために懸命に頑張る姿をよくご理解いただいて、支えていただいていますが、もうひとつ、ぜひ彼ら、彼女らを農村伝道、あるいは辺境伝道の分野での専門家としてとらえていただいたら、さらに交流が深まるのではないかという思いを持っております。彼ら、彼女らから農村・辺境伝道について学ぶ、課題や成功例、失敗例を教えてもらうという気持ちで交わっていただきますと、教会の交わりはまた何倍にも豊かになるのではないかという思いがいたします。このような世界の辺境から集められた仲間が、この教会に集う恵みを神様に感謝しつつ、奨励を終わりたいと思います。

（西那須野教会アジア学院サンデー、2019年3月）

共に生きる「知」を求めて――アジア学院の実践から

いつも私が持ち歩くカバンの中に、あるキリスト教系の雑誌（『教会教育』）に掲載された記事のコピーがあります。私にとっては決して手放すことのできないアジア学院の教育と運営に関する「指南書」とも言うべきものです。この記事の題名は「共に生きるために――アジア学院創設の課題とビジョン」（１９７３年12月号）、筆者はアジア学院の創設の中心にいた初代校長、理事長の高見敏弘牧師です。

アジア学院とは

この記事が書かれたのはアジア学院開校の年、１９７３年なので、ほぼ50年も前になるのですが（執筆当時）、何度読み返しても、たった今読んでも色あせた感じはまったくしません。それどころか、私にとってはどんな時でも、足元が揺らぎそうな時には特に、頼るべき方位磁針のようなものでありました。何のためにこの学校があるのか、誰のために何を教えるのか、それをどうカリキュラムとして組み立てるのか、何を指針に進むべきなのかという根本的な問いに対して、常に道しるべとなって私たちを導いてきてくれました。よって今回**アジア学院の「知」とは何か**を考える時にも、そこに立ち返って考えてみたいと思います。

以前（2016年）、『福音と世界』にはアジア学院の東日本大震災後の復興について書かせていただきましたが、今回初めてアジア学院について読む方もいらっしゃると思いますので、まずアジア学院がどのような場であるかを説明させていただきます。

アジア学院は1973年に栃木県那須塩原市に設立された学校（栃木県が認可する専修学校）で、いわゆる開発途上国と言われる地域の農村の指導者を毎年25～30名ほどを「学生」として招き、9か月間の研修を行っています。創立以来47年間で世界56か国に1300名を超える卒業生を送り出しています。「学生」といっても年齢は25～45歳位までの農村開発事業に携わる組織や団体から送られてくる中堅の草の根のリーダーで、経験豊かな人たちです。壮絶な貧困や差別、戦争や災害を乗り越えてきた人も少なくなく、人生の師と仰ぎたくなるような人が来ることもあります。こういった人生経験豊富な「学生」たちとスタッフ、研修を支えるボランティアたちが共同生活をしながら研修をつくり上げていくのですが、最大の特徴は学院の農場で、有機農法で自分たちの食べる食料をほぼすべて自給していることです。研修も兼ねた農作業と調理など「食《しょく》」に関わる作業は私たちの学院での生活の大きな部分を占めています。約6ヘクタールの敷地は森林に囲まれ、校舎や寮の他、田畑が分散し、豚、鶏、山羊など家畜も多くいるので、週末や休日も分担して農作業に当たります。食事もすべて自分たちで調理するので、学院は365日、一日も休むことはありません。

アジア学院における「知」

さて、私が「指南書」とする高見牧師の記事には、アジア学院の研修の目的は、「主イエス・キリストの愛にもとづいて、アジアの農村地域社会の人々の向上と繁栄に献身する中堅指導者を養成し、公正で平和な社会の実現に寄与すること」とあります（創立数年後

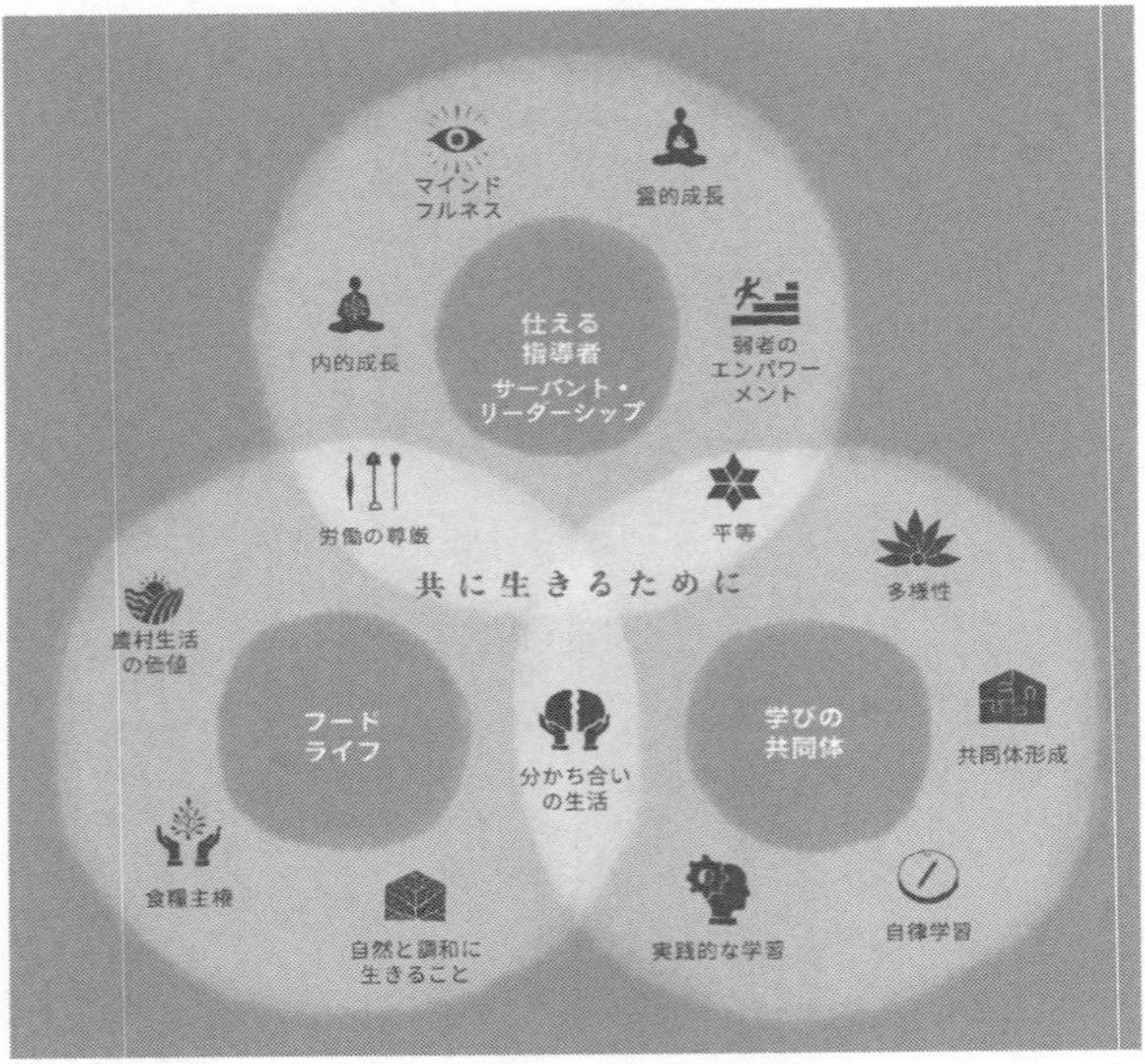

からアジアに限らず、世界のすべての地域を対象としています）。ですからアジア学院で培われ、伝えられる「知」はその目的のためにあるべきです。私たちは世界、特に開発途上国と言われる農村地域社会にはどんな問題があり、人々の向上と繁栄とは何を意味するのか、それに献身する指導者とはどんな人であるべきで何をすべきなのか、そしてそれがどうしたら公正で平和な社会の実現に寄与するのかを真剣に議論し、互いによく聴き合って、アジア学院独自のカリキュラムをつくり上げてきました。

現在のカリキュラムは、前頁の図にあるように①仕える指導者（サーバント・リーダーシップ）、②フードライフ（後述）、③学びの共同体という3つの柱を基軸に、14のキーコンセプトと価値観をもとにしています。具体的な知識、技術の習得を重視して、座学、実習、見学研修に多くの時間を割きますが、前述の「指南書」は「技術の伝習が、アジア学院の最高目的ではない」と明記しています。そして「何よりも先ず、キリスト信仰にもとづいた歴史観をもって、自分を含めた人間の営みをみつめ、アジアの動きをとらえ、そして人々の解放のために献身する姿勢、生きざまを身につけることが、カリキュラムのねらいである」としています。それこそがアジア学院の教育の最高目的であり、そのための知恵、技術、知識がアジア学院の「知」なるものなのでしょう。

「生きざま」を学ぶことが目的ですから、当然私たちは生活を共にします。単に生活空間を共有するということだけではなく、「ひとつ所で、共に食し、共に働き、共に学び、人々に仕えるために共に準備をする、その生きざまの中で、多宗教の信者たちと真の対話を持ち、人格的関係に生きる」のです。そのことを端的に表したスリランカの卒業生がいました。彼女は「アジア学院は短期間のセミナーでもなく、キャンプでも、また学問の研究所でもありません。アジア学院は9か月間の長期にわたって、人が『共に生きる』ことができるように変えられる所です。ここに来る人はセミナー参加者でも、キャンパーでも、単なる学生でもありません。文化も言葉も違う人たちと毎日努力して共に生きて、最終的に自分のコミュニティにおいて他の人と共に生きることのみを目指す人たちなのです」と述べています。アジア学院において、共に生きることは目的であり、手段なのです。

その環境では「教える」「学ぶ」ということも普通とは違った形をとります。より多くを知る先生が、より少なくしか知らないであろう生徒に一方的に知識や情報を流し込むスタイルの教授、教育ではなく、皆が平等な人間として共に学び、共に成長することを目指します。現に私たちは学生のことを英語では「Student《スチューデント》」とは呼ばずに、「参加者(Participant《パーティシパント》)」と呼びます。「ここでは誰もが学ぶ者であり教える者であると同時に、総括責任者でもあるのです」と高見牧師は言い、この学び舎をよりよい場にしていくうえで強いコミットメントを望むのです。

学びの内容について高見牧師は、特に「私たち日本人などは貧しい地域から来た学生から生きる知恵を学ぶべきだ」と主張します。例としてインドやバングラデシュなどの自然災害に頻繁に襲われる地域で、「何世紀にもわたって耐え忍んできた民衆の知恵、その不屈のエネルギーから学ぶべきものがある」と言い、「乏しさを分かち合う」知恵は一刻も早く「人類全体の共通の資産」としなければならないと強く訴えかけます。「乏しさを分かち合う」、つまり質素な暮らし、より少なく所有して、競い合ったり所有欲に任せないで生きることは、すなわちいのちを共有することであると高見牧師は言います。私たちはアジア学院で、いのちを共有して生きていくことが、人間が人間として生きていくうえでいかに重要であるかを日々実感しています。特に資源の限界が世界共通の課題になってきて、気候変動が日々の生活に大きく影響を与えるようになった今、いのちを共有することに関する「知」は、最重要知として広められるべきだと思います。

いのちと食べもの

人間の「生きざま」には、食べるということが大きな部分を占めますから、何を食べ、その食べものをどのようにつくり、またどのように食べるのかということもアジア学院では重要になってきます。そこで「生きとし生ける総てのいのちを少しでも傷つけないように」、またつくればつくるほど、土も人間関係も豊かになるような方法、つまり有機循環型農法で食べものをつくることにしました。その農法でつくった食べものを、自分たちの手で調理して分かち合って食べるという生活をしていると、食べものといのちは切り離せない、双方が双方にとって必要不可欠であるという考えに行きつき、そこから「Food《フード》（食べもの）」と「Life《ライフ》（いのち）」を合体させた「Foodlife《フードライフ》」という言葉が生まれました。「Foodlife《フードライフ》」はいのちと食べものを中心にした生活を意味しますが、食料生産と調理に関わる活動全般、食べものを分ち合うこと、残飯や農場から出た有機物のリサイクルなどもすべてひっくるめて「Foodlife《フードライフ》 Work《ワーク》」と呼んでいます。朝は6時半に起きて朝食前に皆でフードライフ・ワークを1時間、夕方も1時間行うのが伝統的にアジア学院の生活とカリキュラムのベースになっています。

フードライフに係わる活動は単なる作業ではなく、有機農業の哲学と技術、労働の尊厳、食料自給の必要性についてなど、人と人、神と人、自然と人が共に生きる上で重要なことが詰まっています。その中で特に平和構築をめぐってフードライフが私たちに教えてくれることについて以下にお話ししたいと思います。

食べものを一緒に育て、収穫し、調理し、共に分かち合っていただく——この連綿と続く作業は、多様な背景をもつコミュニティメンバー一人ひとりを結びつける、また何らかの理由で人間関係が分断していても、再びそれをつなぎとめる役割を果たします。互いの間にどんなことがあっても、私たちは神様の恵みである自然と協働して、自分のためだけでなく、他のメンバーのためにも汗して食べものをつくります。この決して楽でない作業を来る日も来る日も行うのです。労力的にも一番エネルギーを費やし、時間も必要な米づくりなどは、秋の収穫後、その年のメンバーはその年に穫れた米をほとんど食べずにアジア学院を去っていきます。その米は自分らの後に来るメンバーのものなのです。その代わり、その年のメンバーは前年のメンバーの労働の賜物をいただきます。そういった、他の人のため、未だ見ぬ人のために奉仕するという思いと汗(労働)の結晶としての食べものを感謝して食する時、わたしたちの中に大きな変化が生まれます。その食べものによって、いつしか言葉を超えて互いを受け入れ、赦し、和解を願う人間に変えられていくのです。私たちが食べものを単に食物としてではなく、「霊的」なものと呼ぶ理由がここにあります。

和解を求める「知」

アジア学院の学生の多くは、紛争や対立の問題を抱えた国や地域からやってきます。それぞれの国が、またその国の人々がその傷と苦しみからの癒しと和解を必要としています。例えば東ティモール、ミャンマーの少数民族の諸州、インドのナガランドやマニプールなどの東北部の諸州、スリランカ、南インドやフィリピンの少数民族の住む地域、アフリカではリベリア、シエラレオネ、カメルーンなどは戦争の傷跡もまだ生々しい、あるいは紛争が現在進行している地域です。また貧困や自然災害、病気の蔓延で苦しむ地域からの学生も多くやってきます。この学生たちがアジア学院で日々、仲間と共にフードライフ・ワークに携わって、喜びを感じながら豊かな食卓につくことで、まず心に平安が取り戻され癒されていきます。そして平和、赦し、和解を希求する人間へとつくり変えられていきます。卒業後は地域の人々とフードライフ・ワークを共に行い、平和と和解を願う仲間を増やしていくのです。

創世記には、神が世界を創造された時に人間に「土を耕し守る」役割と責任を与えたと記されています。この「土を耕し守る」はヘブル語の意味に立ち返ると「土に仕える」であり、本来、土は神と人の間に位置づけられ、人は土に仕え、土を守ることを通して神に仕える者とされているという神学的解釈があります。また神が人間に最初に与えたアダムという名前は、もともと「土」を意味する「アダマ」から来ていると言われています。このことからある神学者は、「人間はその生命存在を土と神に全く依存している」と言っています（『農村伝道神学校学報』２０１６年、161号、高柳富夫「神と土と人」）。

ところが、人間は最初に与えられた役割と責任を果たさず、自然を破壊し続けています。ですから、人間は神に赦しを請わなければならない存在です。その点でアジア学院で私たちが行っている有機農業は神と人間の和解を推し進める活動、あるいは「知」であると言えるかもしれません。アジア学院では愛情を込めて土を耕し、土が豊かになるように土を育て守ります。それは土に仕える姿勢に他なりません。また有機とは「生命力を有すること」という意味です。破壊してしまった大地を出来るだけの努力をして再び生命の宿るところに戻す、そうして神との和解を推し進めることができるのではないかと思っています。

応用可能な「知」の実践

アジア学院の教育内容について最もよく聞かれる質問は、「学生さんは世界の様々な地域から来ているのに、日本の農業の知識が役立つんですか?」「日本の農法がアフリカなどの乾燥地域やネパールの山岳地帯などで応用可能なんですか?」といったものです。「技術の伝習がアジア学院の最高目的ではない」ということは前に申し上げましたが、同時にそれに多くの時間を割くとも言いました。アジア学院で学生が学ぶ具体的な知識や技術は、どこにいっても応用可能な原理原則をおさえたものです。そうは言っても、入学してきた頃は、ほぼすべての学生は、世界有数の技術大国に来て、貧しい農村を一瞬にして豊かにできるマジックのような技術を有能なスタッフから伝授されると信じています。しかしすぐに、そんな技術はアジア学院では教えてもらえないと気づきます。気候も環境も文化もまったく違う母国で、日本で学んだ技術をそのまま移転しても失敗に終わることがわかってくるのです。ですから私たちがアジア学院で強調するのは、知識、技術をまるまるコピーするのではなく、原理原則にもとづいて、どうすればそれが自分の地域で応用可能になるのかを考えることです。

原理原則をおさえることはリーダーシップにおいても同様です。目指すべきリーダー像は、上辺だけの技術を飾りのように身につけた人ではなく、すべての人の可能性を引き出し、コミュニティを真に成長させることのできるサーバント・リーダー（仕えるリーダー）であると強調しています。そもそもアジア学院のような多様な人間からなるコミュニティで、口先、見かけ、肩書きだけの表面的なリーダーシップはまったく通用しません。一方で、仕えるリーダーははじめから上に立つことが目的ではなく、メンバー一人ひとりの成長を願い、全体の幸福を願い、そのために皆の声を聴くことからスタートするので、多様な人間から構成されるグループやコミュニティにおいても信頼を得ることができ、おのずと皆に支えられるリーダーになっていきます。学生の母国のコミュニティにおいては、経済、伝統的風習、ジェンダー、教育、人種の違いによる隔たりや差別が複雑に絡んでいることもありますから、なおのこと普遍的な価値観にもとづくリーダーシップが必要なのです。

パンデミック下のアジア学院

2020年度のアジア学院の研修は新型コロナウイルスの感染拡大によって大きな影響を受けています。予定していた26名中19名の入学予定者が来日できず、最終的に日本人学生を含めて計11名で研修を実施しています。それでも大勢の人間が共同生活をしている環境ですから、感染リスクを抑える工夫は随所に必要です。一般的な感染予防策の徹底はもちろん、集会や授業、見学訪問の持ち方も大幅に変更しました。訪問者の数は激減し、新たにコミュニティに加わる方には細かい感染予防対策をお願いしています。その結果50~70名が普通であったコミュニティが、4月から平均40名ほどの小さめのサイズに維持されています。

いつも多くの多国籍、多民族の多様な人間がごちゃごちゃして、とてもにぎやかだったアジア学院の光景は一変しています。しかしいい意味でスペースがぜいたくに使われ、時間もゆったりと流れているように感じます。一番大きな違いは、8~9人掛けの食卓が3人に制限されたおかげでゆったりと食事ができるようになったことです。天気が良ければ木漏れ日の美しい外のウッドデッキに出て、鳥のさえずりや自然の心地よさを感じながら

郵便はがき

恐縮ですが
切手を
お貼りください

113 - 0033

東京都文京区本郷 4-1-1-5F

株式会社ヨベル YOBEL Inc. 行

ご住所・ご氏名等ご記入の上ご投函ください。

ご氏名：　　　　　　　　　　　　　　（　　　歳）

ご職業：

所属団体名（会社、学校等）：

ご住所：（〒　　　-　　　　）

電話（または携帯電話）：　　　　（　　　　　　）

e-mail：

表面に ご住所・ご氏名等ご記入の上ご投函ください。

●今回お買い上げいただいた本の書名をご記入ください。
書名：

●この本を何でお知りになりましたか？
1. 新聞広告（　　　　）2. 雑誌広告（　　　　）3. 書評（　　　　）
4. 書店で見て（　　　　　書店）5. 知人・友人等に薦められて
6. Facebook や小社ホームページ等を見て（　　　　　　　　）

●ご購読ありがとうございます。
ご意見、ご感想などございましたらお書きくだされればさいわいです。
また、読んでみたいジャンルや書いていただきたい著者の方のお名前。

・新刊やイベントをご案内するヨベル・ニュースレター（E メール配信・不定期）をご希望の方にはお送りいたします。
（配信を希望する／希望しない）

・よろしければご関心のジャンルをお知らせください
（哲学・思想／宗教／心理／社会科学／社会ノンフィクション／教育／歴史／文学／自然科学／芸術／生活／語学／その他（　　　　　　）

・小社へのご要望等ございましたらコメントをお願いします。

自費出版の手引き「**本を出版したい方へ**」を差し上げております。
興味のある方は送付させていただきます。
資料「**本を出版したい方へ**」が（必要　　必要ない）

見積（無料）など本造りに関するご相談を承っております。お気軽にご相談いただければ幸いです。

＊上記の個人情報に関しては、小社の御案内以外には使用いたしません。

自分たちでつくったおいしい食事を堪能して話もさらに弾みます。人数が少ない分、手の込んだ料理が並ぶことも多く、食生活はより豊かになりました。

そんな中に身を置いていると、アジア学院の原型とも言える姿が見えてくるような気がします。人の出入りの少ない小さなコミュニティで、より親密で深い信頼で結ばれた仲間と丁寧に生活を営む中で、「いのちとそれを支える食べものを大切にする世界をつくろう～共に生きるために」という理念がより現実的に身近に感じられるのです。

「時代の転換点に私たちは生きています。今私たちが共になすべきこと、それは日々の生活において、ただただ、いのちと食べものをいとおしみ、自然が奏でるリズムを体感しながら、私たち自身を変え、定められた未来をより良いものに変えていくことです」。これは25年前の高見敏弘牧師の言葉（『乏しさを分かち合う』63頁）ですが、今の私たちにこそ向けられた言葉のように感じます。この未曽有の事態のただ中で、ただ中だからこそ、これからも伝えるべき普遍の「知」を追求していきたいと思います。

（『福音と世界』２０２１年1月号）

多様性を生きる

アジア学院はあと2年で創立から50年になりますが、1973年にいわゆる開発途上国と言われる国の農村の指導者を養成するために設立された学校です。先ほどビデオで観ていただきましたように、アジア学院は毎年25～30名ほどの「学生」を途上国から招いて9か月間の研修を行っています。「学生」といっても年齢は25歳～45歳までの農村地域の開発事業に携わる組織や団体から送られてくる中堅のリーダーで、経験豊かな大人です。壮絶な貧困や差別、戦争や災害を乗り越えてきた人も少なくなく、尊敬すべき人生の大先輩のような人物も多くいます。こういった人生経験豊かな「学生」たちと、研修を支えるスタッフ、ボランティアたちが共同生活をしながら研修をつくり上げていくのですが、最大の特徴は学院の農場で有機農法で自分たちの食べる食料をほぼすべて自給していることです。ですから研修も兼ねた農作業と調理など食に関わる作業は私たちの学院での生活の大きな部分を占めています。

昨年と今年は新型コロナウイルス感染症の影響でコミュニティがいつもよりずっと小さく、いつも多国籍、多民族の多様な人間がごちゃごちゃいて、混沌としているアジア学院の光景はいつもとはだいぶ違います。昨年は学生が11名、今年に至っては海外からの学生はゼロです。こんなことはアジア学院の歴史の中では初めてのことですが、いいこともあり、人数が少ないおかげでスペースがぜいたくに使われ、時間もゆったりと流れているように感じます。8〜9人掛けだった食卓は「密」を避けるために2〜3人掛けになってゆったりと食事ができるようになりました。天気がよければ木漏れ日の美しい外のウッドデッキに出ていって食べる人も多く、気持のいい風や季節の移り変わりを感じながら、一人ひとりの労働の結晶としてのおいしい食事を囲み、話もより弾みます。大人数分をつくらなくて済むので、より凝った加工食品や料理に挑戦する人もいます。手づくり納豆や天然酵母の手づくりパンが朝食に出されたり、食べものを中心に私たちがより強く結ばれていくように感じます。

アジア学院のルーツは東京都町田市にある日本基督教団 農村伝道神学校（農村地域の教会を率いる牧師を養成する神学校）の中にあった東南アジア農村指導者養成所です。この養成所は約60年前に「東南アジアの農村地域のキリスト教会の指導者の育成」を目的にして創設されましたが、今から約50年前に様々な理由から現在の栃木県北部にアジア学院として新しく生まれ変わりました。こうしてキリスト教徒のためだけの学校から、キリスト教徒以外の参加者も含めた新しい学校として独立したアジア学院が目指したもののひとつが**「宗教の壁を越えた「真の対話」による人間性の回復」**であると、アジア学院の創設者（高見敏弘牧師）は言っています。

宗教の壁を越えた「真の対話」による人間性の回復

宗教の壁を越えるというのは、先ほども言いました通りクリスチャン以外の背景の人にも、また宗教を特に持たない人にも門戸を開くということです。そして、そのいろいろな背景を持つ人々が共同生活を通じて、**「真の対話」**をすることです。それは表面的でない、正直な心で話ができるような環境をつくって、皆がより**人間らしく生きる**（人間としての善いところも悪いところも、弱いところも強いところも認め合って、素直にさらけ出して生きる）ことを目指したということです。

高見敏弘牧師が創立間もないころに書いたある文章には、このようにあります。

アジア学院における研修の機会は、すべての人々に開放される。本年（1973年）は、東南アジアからの参加者は全員クリスチャンである。しかし、将来はヒンズー教徒、回教徒（イスラム教徒）、仏教徒等の参加を見るであろうし、われわれはそれを望むのである。ひとつ所で、共に食し、共に働き、共に学び、人々に仕えるために共に準備をする、その生きざまの中で、他宗教の信者たちと真の対話を持ち、人格的関係に生きる――われわれは、それを積極的に望むのである。

この理想にもとづいて、私たちは「**共に生きるために**」ということをモットーにしているのですが、このことについて、ある年のスリランカの女性の学生がこのように言ったことがあり、私はなるほどな、これはアジア学院をよく表しているなと思ったことがあります。

アジア学院は短期間のセミナーでもなく、キャンプでもない、また学問の研究所でもない。アジア学院は9か月間の長期に亘って、共に生きることを日々実践するところだ。だからそこに参加する人はセミナー参加者でも、キャンパーでも、単なる学生でもありません。共に生きることを実践する人々です。

それはなかなか大変なことでもあります。言うは易く行うは難し、です。高見敏弘氏の「カルチャーショックのすすめ」という文章（『土とともに生きる ―― アジア学院とわたし』日本基督教団出版局、1996年、48頁）の中にこのような文章があります。

国際化とは、究極的には国家、民族、人種、宗教、言語、風俗習慣等々の壁（相違）をたがいにのりこえて、しかもそれらの相違をたがいに尊重し、その美点を守りながら、人間としての交わりを求め、公正で平和な世界の実現をめざして、たがいに努力している状態のことである。つまり、異質の文化背景を持つ者たちが、人間同士ともに生きるために努力をしつづけることである。

私は、この文頭の「国際化とは」の部分は「アジア学院の共に生きる生活とは」に置き換えられると思いました。昨年（2020年）はコロナ禍の影響で学生はわずか11名でしたが、それでも7か国からクリスチャン、イスラム教徒、無宗教の学生が混じっていました。今年（2021年）は日本人3名と、日本在住で難民申請をしていたアフリカ・ギニア出身の女性一名が学生として参加していますが、日本人は宗教は特に持たない人たちで、ギニア人の女性はイスラム教徒です。他の年ですとヒンズー教徒や仏教徒が参加する年も珍しくありません。宗教によって食べられないもの、お祈りや断食など守るべき習慣などもありますから、いろいろと気を遣うことが多くなります。また宗教の違いだけではなく、民族や社会階級や社会的なポジションも全然違う人が来ますが、いったんアジア学院に入ったら、そういったものをひとまず脇に置いて、共に平等で尊いひとりの人間として対等な関係を築くように促します。つまり授業でも作業でも特別待遇も差別も何もないということです。例えばバングラデシュのアウトカースト（カーストという身分階級の最下位のさらに下の階級）の若い女性と、ウガンダ出身の3千人を超える大きな教会の神父が、アジア学院では共に対等な立場で学びましたし、昨年で言えば、都内の大学を卒業したばかりの日本人の女性（無宗教）と、ケニアの巨大なキリスト教会組織で農村開発部門の長として近隣5か国を総括する博士号をもつ、親子ほども年の違う男性とがクラスメートとして共に学ぶだけでなく、日々の些細なこと、嬉しいこと、悲しいこと、自分の考えや気持ちを、互いにまっすぐ向き合って正直な言葉で語るといったことが日常的に起きていました。

このような多様性に富む生活の中で私が思う「多様性を生きる3つのポイント」というのを次にお話ししてまいりたいと思います。

高校生などに、「世界の人と共に生きるためのヒント」としてお話しをすることがあるのですが、その時に4つのポイントを挙げています。それらは、

1　歴史的背景を忘れない。

2　社会的、文化的、経済的な違い、特に格差に敏感になる。
3　いのちと食べものが一番大切で、それは世界共通、人類共通である。
4　支え合って助け合う関係をつくる。
そして、この4つが実は「多様性を生きる」ことを考えた時に重なるものがあると思い、今日はそれを再構成して3つにまとめてお話しいたします。

「多様性を生きる3つのポイント」は次のようになりました。
1　違いを知る。
2　共通点を知る。
3　共に生きることを追求する（自己変革・人間開発）。
1の「違いを知る」というのは、多様な人々と接する、生活する上ではごくごく当たり前に起こることだと思います。特に注意をしなくても自然に気づくことがたくさんあると思います。私がアジア学院で気づいた「違い」の例をいくつか挙げますと、こんなことがあります。

例えば、アジア学院では毎朝、ラジオ体操をするのですが、学生の中にはこのラジオ体操をとってもおかしなフォームでする人が少なくありません。それはどうしてかと思って聞いたり、考えたりしていますと、その学生の国に「体育」という授業がなく、当然「体操」というものをこれまで一度もやったことがないという理由があることが分かってきます。体育の授業はなくても、激しく体を動かす伝統的な踊りや競技のようなもの、また長時間の農作業や重い荷物を持って長距離歩くことは平気だと言う学生もたくさんいますし、スポーツで体を鍛えている日本人よりも、ずっとたくましく筋肉質の人もいるのですが、ただ、「体育」という教科がないので、体操がうまくできないのです。オリンピックなどは、世界のスポーツの祭典などと言われていますが、学生たちはあまり関心がありません。自国の人はほとんど出場していないからです。オリンピックに出場するには、それなりの設備とトレーナーと、アスリート育成のシステム、それらを整える財源が必要です。経済的に厳しい国々にそのようなものを整える余裕はありません。ですからオリンピックは他人事なのです。そういったことが、少し違った体操のフォームから見えてきます。

時間の感覚というのもとても違っていて面白いです。日本では時間厳守が当たり前ですが、アジア学院の学生を見ていると、時間厳守は必ずしも世界共通でないことがよくわかります。そして彼らの生きている世界を理解していくとその理由が分かってきます。彼らの世界では時間なんて守れない、守れる類のものではない、それは時間厳守を阻む要因が生活の中で余りにも多いのです。

例えば病院や薬局もないような地域で、家族や周りの人が病気になる、その人を介抱しなければならない、人だけでなく大事な家畜（高いお金で買い、食料にもなり、農作業や運搬も手伝ってくれる）が病気になる、それらが死ぬ、作物が雨で流される、道が大雨で寸断される、当然、バスや車が来ない、そうすれば来るはずの仲間も集まらない、等々。いいことが起きて時間が守れないこともあります。久しぶりの友や親せきが突然、家にやって来る、そう簡単に会えない人たちです。また家族や近所で出産がある、家畜が生まれる、結婚式や祝い事の宴会が1週間以上も延々と続く……。それらにすべて関わらなければならないのです。周囲の人と環境との強いつながりの中で生きているので、自分だけを切り離すことができないのです。だから時間は自分だけの都合でコントロールできないのです。アジア学院の学生は不測の事態の連続の中で生きている、それが普通なのだと分かってきます。

年齢についてもそうです。

日本では年齢にセンシティブです。テレビや新聞を見ても必ず名前の後に（○）で年齢が入っています。取材を受ける時などは生年月日まで細かく聞かれます。私も昔はそれを当たり前と思い、かつてアジア学院の学生名簿をつくる担当であった時には学生の年齢を入れていました。でもある年にナイジェリア人の女性の学生から、なぜ日本人はそんなに年齢にこだわるのかと聞かれ、その方が読み手が背景などを想像しやすいなどと適当なことを答えました。そこで彼女に、ではナイジェリアではどうなのかと聞くと、ナイジェリアでは年齢は二種類しかない、というのです。どういうことかとさらに聞いてみると、年齢は20歳以下か、20歳以上、つまり子どもと大人しかないというのです。私は何という考え方なのかと、頭をガーンと打たれたような思いがしました。考えてみればアジア学院の学生の中には、自分の本当の年齢は分からないという人も時々います。戸籍のような制度がない地域に生まれた人は、災害や大きな事件が起きた時から数えて何年という風にして自分の誕生日を覚えている、あるいはそれを基準にだいたいその辺りの日だろうと「決めた」という人もいますし、出生証明書を保管していた教会やお寺が火事で燃えてしまって、大体の年で新たに誕生日を「決めた」という人もいます。今でもよく聞くのは、学校に入る年齢に達したかどうかを決めるのに、子どもに片方の手が反対側の耳に届くかどうかを見る、という話です。私はそういった話を聞いてから、日本で行うように、細かくアジア学院の学生の年齢を聞く意味が見いだせず、最終的に公的に提出する書類以外は、一切年齢表記を止めてしまいました。

こういった違いはいくらでも見つかるのですが、大切なのは、ただそれらの違いを面白おかしくとらえるだけでなく、その背景を知ろうとすることが、多様性を生きるうえで重要だと思っています。その違いが実は歴史的背景に裏付けられているとか、（オリンピックの話のように）経済的格差によって引き起こされているものであるとか、時間の感覚のように文化や社会的な状況に非常に強く結びついていることがあることを、一歩踏み込んで考えることが重要だと思います。これがひとつ目のポイントです。

ふたつ目の共通点を知る、というのは、その裏返しのようなことで、多様性と言いますと、どうも違いにばかりに目がいくのですが、実は共通点に目をやることも同時に重要だと思っています。共通点があるから、あるいはきっと同じはずだという期待があるから、違いが際立つわけです。そして実は人間として基本的に同じという部分の方が、ずっと多いということを忘れないということです。

アジア学院では、一か月くらい一緒に生活していますと、誰がどこから来て、何の民族人だとか、何の宗教だとかの違いは気にならなくなります。「どこの誰」ではなく、誰さん、つまり気になるのは、それぞれのユニークな人格です。よく人を笑わすとか、優しく思いやりがあり、困っていたらすぐ手を差し伸べてくれるとか、謙虚であるとか、その人の道徳観、良心など普遍的で人間共通のものは大変多いです。私がいつも感動するのは、アジア学院の朝の集会で、どんなに多様な人間がいても、また言葉はちがっていても同じ讃美歌を声を合わせて歌うことができ、共にアーメンと唱えることができる時です。アジア学院はいろいろな宗教の人がいても、だいたい80%くらいはクリスチャンなので、昨日、地球の裏側から到着して、その人が誰なのかをまだ知らなくても、同じ神に向かって、同じ祈りを捧げることができます。これは本当に感動です。

そして、アジア学院でさらに気づいた重要なことは、当たり前のことなのですが、いのちと食べものが人間にとって普遍的に大切である、ということです。どんなに背景が違っていても、どんなに格差があっても、皆、同様にお腹が空いて、食べて満たされることは共通しています。だからアジア学院でそうであるように、いのちと食べものを大切にする生活は、私たちをひとつに結び付け、関係をさらに強固にし、時には対立を解き、和解の手助けをし、未来への展望をも与えてくれます。食べものを持続的に安全に生産できる環境をつくることがだれにとっても重要な課題であるし、そのために協力していかなければならないことが分かってきます。ですから、多様性を生きるとは、共通点を知って、共に協働できることを知ることでもあると思っています。

みっつめのポイントは、「共に生きるとは」どういうことかを考え続け、自己変革と人間開発の努力を継続することだと思います。前出の「カルチャーショックのすすめ」の中で、高見氏はカルチャーショックは自己変革に役立つものだと何度か繰り返し言っています。人間というものはつねに変化する環境に適応する能力を持ち、努力を絶えず続けているものだから、カルチャーショックはこの人間性の根源にもとづく自己変革、個人と集団の生の向上に役立ちうるものなんだと力強く語っています。自分と違った人々と「共に生きる」というのは、こうした自己変革を繰り返してなしうる所産、努力のたまものです。この自己変革というのは、私は人間があるがままの姿に立ち返る、といった意味もあると思っています。「カルチャーショックのすすめ」の中で紹介されている「大泣きする大男」（バングラデシュ人）のように、文化やジェンダー概念のような固定観念でがんじがらめになっている、あるいは経済的な制約などで抑圧されている環境の中で気づくことができない自身の尊厳に目覚めることを高見氏は「人間を文化的桎梏《しっこく》・束縛から解放する力を秘めている」という言い方もしています。

本日の話の初めの方で、「宗教の壁を越えた「真の対話」による人間性の回復」という高見氏の言葉を紹介し、すでに少し触れましたが、近代化や開発が破壊するものについて高見氏はかつてこのように言っていました。

近代化や開発が破壊するものは環境よりも何よりも人間である。それは人間自ら人間であることを放棄していることにつながっている。

そしてその解決には人間自らが人間性を回復する「人間開発」が必要だと言いました。その人間開発とはどんなことかと言いますと、

人間性の最も善いもの、最も美しいものはすべての人の中に秘められている。それを充分成長させることである。これが人間開発の真の意味であろう。人が人となるための、人間開発である。（『アジアの土』アジア学院学報第一号、１９７４年）

つまり、共に生きるとは、人間開発を通じて自己変革を続けることだと私は思っています。アジア学院は、多様性の極みのような環境の中で、カルチャーショックが継続的に日常生活の中で起きるという状況の中で、人間開発の可能性を探っているといえます。共に生きることの大実験場です。

学生がカルチャーショックと自己変革を通じて変わっていくのを目のあたりにしますが、私たちも彼らの素の姿からまたカルチャーショックを受けることが度々あります。例えば、彼ら彼女らは大勢で一緒に働くこと、生活することにとても慣れている、というよ

りもそれが普通であるという感じがします。さきほど、時間の概念について話しましたが、彼らの母国で時間をなかなか守れない習慣や文化があるのは、思い通りにならない事情が周りにたくさんあって、その周囲の人と環境との強いつながりの中で生きているので、自分だけを切り離すことができない、だから時間は守れないということを話しました。周りに人が大勢いて当たり前、だから人と一緒に何かをするのが当たり前、うるさくて当たり前、じゃまされて迷惑をかけて当たり前、子どもが周りに飛び回っているのが当たり前――雑然としていて、複雑で、自分の思い通りにならないことだらけの生活を送ることが当たり前なんです。だからいろいろな事態にとても寛容です。一方で、こちらに困ったことがあると、誰かが絶対に助けてくれます。放っておいてもらうことができなくなります。みんな思い通りにならないことを知っているから互いに助け合うのは当然のことなのです。

日本にホームレスの方がたくさんいるのを知って、アジア学院の学生はたいていとても驚きます。世界有数の豊かな国にホームレスがいることなど夢にも思わなかったと言うのです。自分の国では、食べられない人がいたり、家を失った人がいたら絶対に周りが放っておかないから、ホームレスなんていないと断言する学生もいます。そういう話を聞いて、私たち日本人の考えが変わっていきます。発展とか開発とは何なのか、人や社会が非寛容になっていくのはなぜなのかと考えさせられるわけです。

彼らは、すべては人知を超えた大きな力が、神や聖霊の働きが、全体を、宇宙を、自分の運命を包んでいる。天命を待つというか、天命に任せている、怒ったって、焦ったって仕方がないと思っているような気がします。ゲームソフトを買ってもらえないからキレルとか、むしゃくしゃするから人を殺すとか、ありえないのです。駅のホームで2分の電車の遅れに対して、「皆様には大変ご迷惑をおかけします」というアナウンスがすかさず入ることが信じられないのです。そういう彼ら彼女らを見ていますと、経済成長と発展の過程で、私たち日本人が失ってしまったも

の、一方で流されても、転んでも、耐え忍んで生きて行く人間が本来持っている力、エネルギーを感じずにはいられません。こういった人間の生き延びる力は最近「レジリエンス」といって、震災などの災害後に、人間が発揮する精神的な回復力、ストレスへの抵抗力、トラウマからの復元力、耐久力、自然治癒力などといわれ、研究が進んでいます。もともとあったコミュニティのつながり、人間関係の横のつながりが、災害の時などに力を発揮して、命を救う結果につながるというものです。もし途上国と先進国で人間のレジリエンスの比較がされたら、圧倒的に途上国の人たちに軍配があがるのではないかというのが私の予測です。寛容であることについて、レジリエントであることについて考えることも、多様性を生きる上で必ず向き合う問題ではないかと思います。

(2021年10月　聖心会院長研修会での講演)

第三部　共に生きる「知」を生きる

『十字架を通して』原画：渡辺総一　ステンドグラス製作：峰田公子

違う風景　違う人

ケニアに行ってきました。開発途上国といわれる国々の農村指導者を養成するアジア学院は創設から46年間で世界58か国に約1300人の卒業生がいます。世界の農村に散らばる卒業生の活動を現地で見て、アジア学院の研修がどのように活かされているのかを調査することは、研修の向上のためにも、支援してくださっている方々に対して説明責任を果たす上でも重要なことです。

ケニアには29人の卒業生がいますが、そのうちの14人に会うことができました。アフリカの地を踏むのは初めてで、見るもの聞くもののすべてが新鮮でしたが、一番驚いたのはアジア学院の卒業生たちが学院にいた頃とはまったく違う印象を見せていたことでした。もちろん卒業してからの月日のせいもありますが、堂々と自信にあふれ、アジア学院の提唱する「サーバント・リーダーシップ」を懸命に実践していました。私はその姿に触れ、自分が人間のほんのわずかな部分しか知らないでいるにも係わらず、いかにその人のことを知ったつもりでいたかということに気づき、愕然《がくぜん》としました。例えば、今回私たちが訪問するわずか2週間前に急逝した卒業生（2000年度卒、女性）について、いかに彼女が大きな役割を果たし、将来を期待され、幅広く人々に影響を与え、愛され慕われていたかを行く先々で耳にしました。彼女が卒業してから20年近くも経つのに、そんなことの一片すらも想像できずにいたことをとても恥ずかしく思いました。別の卒業生（2015年、男性）も静かで控えめな印象が強かったのですが、彼の活動する村を訪ねると、熱意を持って活発に活動をしていて、村の人たちと強い信頼関係で結ばれていることがよくわかりました。

アジア学院の学生たちが自分のコミュニティで何を必要とし、アジア学院や日本で見るもの、触れるもの、学ぶものによってどう刺激され、それらがその人の中にどう取り込まれ変換されていくのか、そしてそれらがやがてどのように現地の人々に伝わり、何に生まれ変わっていくのか、それはその人それぞれで、その土地の、その社会においてしか分からないこともきっと多いのだろうと思いました。自分の小さな認識の枠になど収まるものではないと強く感じました。

乾燥した赤い土、トウモロコシとバナナの畑、たわわに実ったマンゴーの木、道路わきを歩く大勢の人、子ども、牛、羊、ヤギの群れ。派手な色のペンキで塗られた石造りトタン屋根の小さな店の列。この初めて見る風景の中に、卒業生たちの顔を思い浮かべてはめ込むと、自分の知っているのとはまるで違う人物像が見えるような気がしました。

そして、日本に思いを馳せてみました。外国にルーツを持つ人がこれからどんどん増えるであろうこの国にはそんな想像力が大事になるだろうと思いました。日本の風景の中に見えるこれらの人々の姿は、日本人とは比べ物にならないくらい、ほんのわずかな部分しか理解されていないに違いありません。そんな限られた枠の中だけで彼ら、彼女らを判断してしまうのは大間違いであるかもしれないし、何よりももったいない気がします。想像力を最大限に膨らまして、別の風景に彼ら、彼女らを入れてみたら、日本にはもっと豊かな、寛容な心が生まれてくるかもしれない、そんなことを思いました。

（日本キリスト教協議会教育部『ネットワークニュース』56号掲載、２０１９年）

「生」の証としての臭い

サイゴンにも、バンコクにも、ダッカにも、カルカッタにも、そして各国の農村にも、そこ独特の臭いがある。鼻をつんざくような強烈な臭いがある。ハンセン病患者や、物乞いや、スリや、様々な人々が沢山いる。ボロをまとった老若男女がウジャウジャいる。それらの一人ひとりの重荷を想い、痛みを覚え、人々として好きになる、愛するように努めることである。

これは非常な努力、祈りと行いなしにはできない。非常な努力を、求めて行う時に、一致が、和らぎが、神からの賜物として与えられるのである。そのような努力を、求めて行うときに、日本はアジアの中にあるのだという実感が、日本人一人ひとりの中に宿ると思うのである。『貧しさを分かち合う』高見敏弘（編者：原文を修正した部分があ

ります)

私の机の隅にいつもハガキ大の小冊子があります。アジア学院を創設した高見敏弘牧師の語録です。その1頁目にこの言葉があります。高見牧師は日本基督教団の農村伝道神学校(東京都町田市)に併設された東南アジア農村指導者養成所(1960年開設。1970年に東南アジア科に改名)の科長を務めていましたが、1973年にその養成所を独立、移転するような形でアジア学院を栃木県那須塩原市(旧西那須野町)に仲間と共に創設しました。高見牧師は90年代にはすでにアジア学院の運営の一線から退いていましたが、2018年に91歳で亡くなるまで45年間、アジア学院のすぐ隣に住み、文字通り私たちを見守っていました。

高見牧師の言葉はシンプルかつストレートで、話しも書き物も多くの人に強い影響を与えました。高校生の時に高見牧師の講演を聞いてアジアに関心をもった私もそのひとりです。2年前(2018年)に高見牧師が亡くなった時に、私は高見牧師の残した言葉の中のいくつかを選んで、誰もが、できれば中高生でも気軽に手に取って親しんでもらえる小冊子にまとめたいと願い、やがて『乏しさを分かち合う』(英訳付き)が出来上がりました。

今回から4回にわたって連載をさせていただくにあたり、私はこの冊子から毎回ひとつの言葉を選び、それにもとづいてアジア学院のエッセンスを語っていきたいと思っています。

さて今回選んだ冒頭の言葉ですが、私の大好きな高見牧師の言葉のひとつです。コロナ禍で私たちの鼻がいつもマスクの中に隠れているので、なおさら「臭い」について考えてみたくなったこともその理由です。この文中の「臭い」は「生」の象徴として語られています。人間も他の生物もすべてのものは生きている限り臭いを発しますが、その中には人間にとって不快なものもあります。昨今は日本においては「消臭」が公衆エチケットとして極めて重要で、「臭い」はできる限り消さなければならない対象物になってしまいました。もちろん日本には悪臭防止法なる法律があって、「悪臭」を発生したり放置することは犯罪に当たるのですが、最近では「悪臭」とはほど遠くとも、生物が生きていくうえで発生するちょっとした臭いにまで目くじらを立てるような傾向がみられるような気がします。「生」の証としての本来の生々しい臭いはどんどん消されてしまい、工業的につくられた人に好感を与える「香」に置き換えられてしまいます。もっと多様で複雑な臭いを嗅ぎ分けることができたかもしれない私たちの臭覚は、コロナ禍ではマスクの下で出番

飼料作り

が減っていることも加わって、退化する一方ではないかと危惧しています。

高見牧師は「生」の証としての臭いにはその人の生きざまがそのまま映し出されていると言っています。特に私たちが顔を背けたくなるような臭いは、病気や貧困の生活の在り様そのものであることがあります。私たちはそのような臭いから顔を背けるのではなく、その臭いと共にある人々の重荷と痛みを覚え、「人々として好きになる、愛するように努める」べきだと高見牧師は主張します。しかし、同時にそれは並大抵のことではなく、弱い人間には「非常な努力、祈りと行いなしにはできない」と言い切っています。ただ、その努力を求めて行う時には、一致と和らぎという神様からの賜物が与えられるといいます。「一致」とはここでは異質なアジアの人々との一致、「和らぎ」とは共に支え合い、思いやり、優しくある関係のことでしょう。

森林と田畑、そして多くの家畜に囲まれ、自分たちの食べものをほぼすべて自給するアジア学院での農的な暮らしには様々な「生」の臭いがあります。多くの国から集められた人間たちにもそれぞれ独特の臭いがあります。例えばアジア学院の有機農業においては、家畜の餌、肥料や自然農薬づくりのプロセスで発酵がとても重要ですから、発酵の豊かなにおいが建物や人からもいつも漂っています。家畜の糞の掻き出し作業を終えた汗だくの仲間や、発酵が行き過ぎて腐敗物になってしまった有機物からは「鼻をつんざくような臭い」もしますが、どれも愛すべき「生」の証しです。

ここに病や困窮する生活の臭いはありません。しかし、ここにはない「生」の臭いにも敏感でありたいと願っています。そして重荷や痛みと共にある臭いに反応し、その人を想い、愛することができる人間になりたいと願います。その努力の中で異なるものとの一致と和らぎ、つまりすべてのものと「共に生きる」ための術を神様から賜物としていただく恵みに与かれるなら、それより大きな悦びはないと思うのです。

（バプテスト女性同盟『世の光』心に鍬を入れられて　２０２０年12月号）

豊かな食卓と社会正義

社会正義とは
世界の人がひとりの例外もなく
分かち合う喜びを感じながら
豊かな食卓につくことができることである
（『乏しさを分かち合う』高見敏弘）

前回からアジア学院の創設者、高見敏弘牧師の語録集『乏しさを分かち合う』から一文を選んで私の感じること、考えることを述べさせていただいています。今回はその中で私が最も多く引用する高見牧師の「社会正義」の定義をご紹介します。

この文章の前には、「アジア学院は今、そしてこれからも社会正義の実現のために存在する」という文があります。つまりこの言葉はアジア学院の存在意義そのものを示しています。この社会正義への思いを強く持った農村の指導者を輩出することがアジア学院の使命であります。

私は初めてこの言葉に出会った時、社会正義をなんとわかりやすく簡潔に説明しているのかと驚いたのを覚えています。「正義」と聞くと、善悪とか公正とか難しい概念が伴って、難解なイメージがあると思うのですが、この説明であれば誰でも、たとえ子どもであっても、社会正義をすっと理解できるのではないかと思いました。

しかし、そのわかりやすさとは反対に、ここで説明されているような状態は、おそらく近代社会の成立から一度も実現されたことがないのではないでしょうか。豊かだといわれる日本においてもそうです。ちょっと周りを見渡せば、幼い子どもやお年寄りの方がたったひとりで寂しく食事をしていたり、忙しい人がサプリメントだけで済ませる、「食事」とは程遠い状態があったり、残念ながら「分かち合う喜びを感じる豊かな食卓」はなかなか体験できないかもしれません。しかもこの社会正義の実現は、社会が進化するにつれ、どこの国でもますます難しくなっているように思います。

食卓が貧しいところには争いが起きがちです。空腹だと人間は卑屈になり、怒りやすくなります。そのような食卓の背景には多くの場合、貧困や不正、不平等が存在します。健康が脅かされて心身共に不安な状態に陥ることもあります。一方で、食卓にあふれるほどの食べものがあっても、分かち合う喜びのない食卓は精神的に貧しい食卓です。そういった食卓の背景にもまた何かひずみや問題が隠れていることがあります。7、8年前から全国で「子ども食堂」の設置が展開されているのは、未来を担うべき子どもたちが向き合う食卓の貧しさが、大きな危機感となって大人たちを突き動かした結果ではないかと思うのです。

「世界の人がひとりの例外もなく、分かち合う喜びを感じながら豊かな食卓につくこと」がかなった社会はどんな社会でしょうか。その時には、公正で平和な社会がすでに構築されていて、人間同志の争いの種はほとんど無い状態だと私は思います。どんな家庭にも公正に十分な食料が行きわたる社会の構造があって、それを家族のためにおいしく調理して提供できる責任感と能力をもった大人がいて、分かち合いが喜びを生み出すという価値観が共有されている社会に、争いなど存在しません。だからこの社会正義を目指すことは平和の礎をつくり出すことそのものなのです。

世界中で繰り返される戦争や対立は、表向きにはイデオロギーや宗教の対立に見えても、その背景には資源の奪い合いがあることがほとんどです。それは資源が生み出す富が人間を豊かに、幸福にすると信じるからです。富を手に入れた国家は、その多くを資源と食料の確保に使いますが、富は一部の人に集中しますから、すべての人が分かち合う喜びを感じられる食卓はなかなか実現しません。

では私たちはどうしたらいいのでしょう。これは私たち一人ひとりの課題です。今日の皆さんの食事はどうであったでしょうか。分かち合う喜びを感じることができたでしょうか？　もしそう

でなかったら、どうか周りの人に助けてもらってください。教会はこれまでそれを体現できる素晴らしい場でしたが、コロナ禍でそれがどこも難しくなっています。ですから私たちは今、大きな危機に直面しているといえます。一方で、もしそれが今でも実現できている方がいたら、どうかそうでない人に目を向けてください。私は韓国の方が挨拶代わりに「ご飯食べた?」「ちゃんと食べてる?」と聞き合うのが大好きです。日本人は挨拶の時に家族以外の相手に食事を摂ったかどうか、しっかり食べているかどうかなど聞きません。それは立ち入ったことだと思ったり、うっかりそんなことを聞いてしまって、相手が食べていないといったら準備をしないといけないと思うからです。でも、私の知り合いの韓国人の方は、食べていないと言えば、本当に家に上げて何かを食べさせてくれます。私は互いが相手を思いやって何をどのように食べているかを自然に聞き合う文化が生まれたら、それは「分かち合う喜びを感じる豊かな食卓」への近道ではないかと思っています。コロナ禍を契機に皆さんで始めてみませんか?

(バプテスト女性同盟『世の光』心に鍬を入れられて　2021年1月号)

時代の転換点

時代の転換点に私たちは生きています。今私たちが共になすべきこと、それは日々の生活において、ただただ、いのちと食べものをいとおしみ、自然が奏でるリズムを体感しながら、私たち自身を変え、定められた未来をより良いものに変えていくことです。

（『乏しさを分かち合う』高見敏弘）

「新型コロナは冬までにはきっと収まっているだろう」4月に緊急事態宣言が出された頃、このような予想を持っていた方は私だけではなかったと思います。しかしこの予想はみごとに裏切られ、新型コロナは相変わらず世界中の人間の活動を広範囲に制限していています。世界の大国の大統領選挙でも、新型コロナをめぐる問題は常に争点の中心にありました。冒頭の言葉はアジア学院の創設者高見敏弘牧師が１９９６年に書いたものですが、今はきっとその時以上の「時代の転換点」に私たちはいるのではないでしょうか。

「時代の転換点」で思い出したのが、水俣病についてを描き続けた作家の石牟礼《いしむれ》道子《みちこ》さん（1927 - 2018）の言葉です。石牟礼さんは東日本大震災と福島第一原発事故の後、「息ができなくなっていた大地が深呼吸をして、はあっと吐き出したのでは。死なせてはいけない無辜《むこ》の民を殺して。文明の大転換期に入ったという気がします」と話していたとある記事で読みました（「魂の遺言に向き合う」朝日新聞、２０１１年6月17日号）。また別のある新聞のコラムでは、記者が東日本大震災後に出版された石牟礼さんの本（『花を奉る』藤原書店、２０１３年）の最後に書かれた次の文章を紹介して、新型コロナに世界が翻弄される今、石牟礼さんが生きておられたらどんなことをおっしゃるだろうと問いかけていました。

> 今後、文明は明らかにこれまでと異質なものになっていくと思う。一国の文明の解体と創世が同時に来るような。それがいまという時ではなかろうか。

「二国の文明の解体と創世が同時に来るような」「時代の転換点」にある今、それでも季節はめぐり、秋空は高く澄みわたり、鮮やかな紅葉は目にまぶしいほどです。新型ウイルスといえば、人間に戦争をしかけているわけでもないのに、人類の「宿敵」呼ばわりされ、一方でそんな人間界の騒ぎにはとんと無頓着の様子で、人間が慌てれば慌てるほど人間の無力さをあざ笑っているようにも思えます。そんな中で、初めに紹介した高見牧師の「今私たちが共になすべきこと、それは日々の生活において、ただただ、いのちと食べものをいとおしみ、自然が奏でるリズムを体感しながら、私たち自身を変え、定められた未来をより良いものに変えていくことです」という言葉が心と体にしみてきます。

人間はもともと自然が奏でるリズムを敏感に感じて生きる生き物でありましたが、そのリズムはいつのまにかはるか遠くに聞こえるばかりになってしまいました。人間のつくり出すリズムと自然の奏でるリズムが大きくずれて不協和音を発する時、今回のような事態が起こってくるのだと思います。自然のリズムは太古の昔から変わらず流れているのですから、聞くに堪えない不協和音を生じさせるのはきっと人間のリズムの方に違いありません。

自然のリズムを体感することを高見牧師は別の文章で、「自然全体との共振」とも言っています。それは「自然のおおらかで厳しい、また秩序正しく美しい営みから、自分自身のあり方を学ぶようになること」（『乏しさを分かち合う』33頁）です。その姿勢でウイルスを見ると、このウイルスは狡猾でもしたたかでもなく、それどころか「意志」すらなく、単に人間の体の細胞に入って増殖するだけのもので、「細胞も持たないし代謝も行わないので、生きているともいえない」という科学者もいます。はっきりしていることは、こういったウイルスは自然の中にまだいくらでも存在し、人間はそういったウイルスを含んだ自然のごくごく一部に過ぎないということです。自然界の最高位に君臨しているかのような錯覚に陥っているけれど、実に弱く、もろく、今回のように新しいウイルスに突然体に入り込まれたら、ひとたまりもないくらいのちっぽけな存在なんだということです。

「諸行無常」と「諸法無我」という仏教語があります。「諸行無常」はこの世の万物は常に変化して、ほんのしばらくもとどまるものはないことを意味し、「諸法無我」とは世の中のすべてのものごとは互いに影響を与えあってそこに存在するという意味です。中学、高校時代を禅寺で過ごした高見牧師は、瞑想を日課にし、質素と静寂を重んじた生活の中で「自然全体との共振」、また「諸行無常」「諸法無我」を体感していたのだと思います。その大きな宇宙の中での私たちの「今」なのです。
先ほど紹介した石牟礼道子さんの本の最後にある文章は、以下のように続きます。

そうだとしても、他者を思いやる心を抱きながら、心の手を取り合って亡びたいと思う。都市文明ではない何か。この頃、念頭に来るのは、とある像である。草の露で深々と浄められたような野原である。幽《かす》かな道も見える。

「時代の転換点」に立つ私たちの前にはどんな道があるのでしょうか。都市文明で表されなかった何かとはいったい何で、幽かな道はどこにつながっていくのでしょうか。「定められた未来をより良いものに変えていく」ことが出来るのか、謙虚に祈って参りたいと思います。

（バプテスト女性同盟『世の光』心に鍬を入れられて　2021年2月号）

「生き延びること以外の価値」について

共に生きるとは生を分かち合うことです。今の世代の友人や隣人と共有するだけでなく、未来の世代の人々ともそうしていくことです。人類のみならず、すべての被造物と、しかも将来にわたってです。

（『乏しさを分かち合う』高見敏弘）

私たちは今まさに新型コロナの第3波の只中にいます。毎日流れる新型コロナ関連の深刻なニュースを聞きながら、以前読んだある新聞記事を思い出しました。東《あずま》浩紀《ひろき》さんという批評家へのインタビュー記事（朝日新聞8月5日）です。

東氏は今年4月6日に政府が出した緊急事態宣言の前日に「人口の1％が死んでしまったら大変な事態だけれども、運よく生き残った99％の人たちには『社会を守っていく』という『責任』がある」という内容をTwitter《ツイッター》で発信しました。これに対し多くの人から様々な反応があったということからインタビューは始まります。「社会を守る」ということを東氏は「自由で文化的な生活を守る」ことだと言っています。自分や周囲が1%の感染者に入らないことを祈りながらも、もし犠牲にならずに済んだら、「自由で文化的な生活」を守る責任があるのに、多くの人はそのことに気づいていないというのです。

東氏は「一人ひとりの命を何よりも大切にする」ことはとても素晴らしいことだけれども、「個体の生」、自分一人の生命を守ることばかりがあまりにも強調されてしまうと、「生き延びること以外価値を持たない社会」になってしまうというジョルジョ・アガンベン(1942-)というイタリアの哲学者の考えを紹介して、それが社会の弱さにつながる可能性について指摘しました。同時に、「個体の生」の維持とウイルス危機を口実にして、権力の行使が簡単に強化されていることに対しての危機感も訴えていました。

また「生き延びること以外価値を持たない社会」では、「人々が互いに分断されて、連帯できなく」なり、哲学者トマス・ホッブズ(1581-1679イギリス)が呼ぶところの「万人の万人に対する闘争」的な状況が生まれると警告しました。その例がコロナ禍でも見られたトイレットペーパーやマスク、消毒用品などの「買占めパニック」であったと指摘します。

他人の命を守るためにも自分の命を守ることが重要だと叫ばれています。私もその重要性を十分に認識し感染対策を怠らないように毎日努力していますが、同時に自分自身の「生き延びること以外の価値」について考えてみました。そして冒頭の高見牧師の言葉が思い出されました。「共に生きるとは生を分かち合うことです。今の世代の友人や隣人と共有するだけでなく、未来の世代の人々ともそうしていくことです。人類のみならず、すべての被造物と、しかも将来にわたってです」という言葉は、人の、そして社会の「生き延びること以外の価値」について示唆しているように思いました。私も、またアジア学院も、今の生を、他の人とまたすべての被造物と将来にわたって分かち合えるように生きていきたい、今を生き延びても、今終わっても、それこそが今存在する価値でありたいと思いました。

では、具体的にどうやってそれを実践するのか。その試みこそがアジア学院の毎日の営みであると思いました。まず人間が生きていく上で一番大事な作業、「食べる」ことにおいてどう「他の人と、またすべての被造物と将来にわたって分かち合える」のかを考えます。食べるには食べるもの、食料をつくらねばなりません。どのように食料をつくるのか、またどう食べるのかということにおいて、未来の世代とも共有できるような方法を考えながら生活します。その結果の今考え得るベストな形が有機農業であり、皆で労に携わる形であり、皆で食卓を囲み、感謝してその労の賜物を分かち合う生活であります。

耕す

　学びの姿勢はどうあるべきでしょうか。アジア学院では皆が平等な人間として共に学び、共に成長することを目指します。現に私たちは学生のことを英語では「学生（Student《スチューデント》）」とは呼ばずに、「参加者（Participant《パーティシパント》）」と呼びます。「ここでは誰もが学ぶ者であり教える者であると同時に、総括責任者でもあるのです」（『乏しさを分かち合う』71頁）と高見牧師は言い、この学び舎をよりよい場にしていくうえで全員に強いコミットメントを望むのです。

学びの内容についても高見牧師は、特に私たち日本人などは貧しい地域から来た学生から生きる知恵を学ぶべきだと主張しました。例としてインドやバングラデシュなどの自然災害に頻繁に襲われる地域で、「何世紀にもわたって耐え忍んできた民衆の知恵、その不屈のエネルギーから学ぶべきものがある」（「アジアの土」アジア学院学報1号、１９７４年6月15日）と言い、彼らが持つ「乏しさを分かち合う」知恵は一刻も早く「人類全体の共通の資産」としなければならないと強く訴えかけます。

アジア学院では間もなく今年度の卒業式を迎えます。今年度は新型コロナの影響で例年の半分以下の学生しか迎えられませんでしたが、この異例の状況の中でも皆がアジア学院での生活と研修から「共に生きる」術、生きざまを身につけて母国のコミュニティに再び戻っていくことを心から感謝しています。


（バプテスト女性同盟『世の光』心に鍬を入れられて　２０２1年3月号）

ヒマラヤからの声

いと高き神のもとに身を寄せて隠れ
全能の神の陰に宿る人よ
主に申し上げよ
「わたしの避けどころ、砦
わたしの神、依り頼む方」と。
神はあなたを救い出してくださる
仕掛けられた罠から、陥れる言葉から。
神は羽をもってあなたを覆い
翼の下にかばってくださる。

神のまことは大盾、小盾。
夜、脅かすものをも
昼、飛んで来る矢をも、恐れることはない。
暗黒の中を行く疫病も
真昼に襲う病魔も
あなたの傍らに一千の人
あなたの右に一万の人が倒れるときすら
あなたを襲うことはない。（詩編91編1－7節）

そして、御国のこの福音はあらゆる民への証しとして、全世界に宣べ伝えられる。それから、終わりが来る。（マタイによる福音書24章14節）

2020年の春、アジア学院の研修は、新型コロナウイルスの感染拡大による各国の都市封鎖や国境封鎖と重なり異例のスタートとなりました。普段の年ですと世界12～15か国から約30名の学生を受け入れ、にぎやかに新学期がスタートするのですが、昨年は様子が違いました。それでも都市封鎖や国境封鎖ぎりぎりのところをくぐり抜けて、5か国から7名の学生が到着し、日本人を含め合計11名で研修事業を実施することができました。幸いにも栃木県北部は新型コロナの感染拡大を比較的抑えられてきたので、私たちは約40人あまりの共同体生活を維持しながら、アジア学院が大切にする価値観を損なうことなく、むしろそれらの価値観の重要性を再認識しながら1年を過ごすことができました。

コロナ禍の中で学んだことの中で特に大きかったことは、人間は多くの制約の中でも新しい環境に順応できるという事実です。それは人類の歴史がすでに明らかにしてきたことでもありますが、今回人類が順応を迫られた「新しい状況」は短期間のうちに世界中に突然やってきました。私たちの「順応」には痛み、苦しみ、悲しみ、そして多くの犠牲を伴いますが、その過程で人間が変容して行く様を自らも体験することで、その体験は希望をも生み出すことを感じています。また、その希望は個人に留めておかないで、他者と共有された時により大きな喜びに変わることも重要な学びでした。例えばインターネットによる授業などは、体験による学びを重視していたアジア学院においてはどちらかといえば敬

遠していたものでしたが、日本に来ることのできない学生を授業にオンラインで「招い」たり、遠方に住む講師の先生に遠隔地から普段より多く講義をしてもらうことも可能になりました。そしてそのことで得られる予想もしなかった成果も多々ありました。

このことは海外の卒業生の活動にも顕著に現れていました。多くの卒業生がそれぞれの地域でいち早く、コロナ禍において急増した社会的弱者のために知恵を出し合い、お金を集め活発に活動を展開していきました。そのひとつが日本に来る途中、ビザの申請中に国境封鎖が起きてガーナで足止めされてしまった4人のシエラレオネ人の学生に手を差し伸べてくれたガーナ人卒業生の対応でした。このガーナ人卒業生は私たちのSOSの呼びかけに即座に応え、この4人の保護を買って出てくれただけではなく、なんと自身の所有する農場を使って４人に対し研修を施してくれたのです。研修には彼がアジア学院で学んだことが盛り込まれ（日本語も含め！）、異国で足止めされたこの４人のシエラレオネ人の学生たちは絶望から救われただけでなく、時間を最大限有効に使って充実した研修を受けることができたのです。（この４名は来日はできませんでしたが、半年後の２０２０年9月に無事に母国に戻ることができました。写真：右から2名、左2名がシエラレオネ人学生。中央がガーナ人卒業生）

コロナ禍の中でのもうひとつの大きな学びはコミュニティの持つ力でした。アジア学院はもともとコミュニティを基盤にした学びを大切にしてきましたが、危機的な状況の中では特に、支え合うことのできる、信頼できる仲間がそばにいることが、進むべき道を見失わずに歩むうえで最大の力となることを改めて認識しました。10年前の東日本大震災で被災した時にも感じましたが、先の見えない不安、得体のしれない恐怖を分かち合い、共に危機を乗り越えようとする仲間がいることで、ひとりではまったく弱く脆い人間が、余裕を持ち直し、未来について考えることができ、レジリエンス（復元力、回復力、柔軟性）を高めることができることを、私たちはこのコロナ禍で感じています。そしてアジア学院というコミュニティを与えられていることに心から感謝しています。

それでもこの春は、私たちを支えていた「春になればきっとまた普通の新学期が来る」という希望が脆《もろ》くも崩れ、コロナ禍2年目がやって来てしまいました。しかも今度は海外からの学生がまったく入国できないという、創立以来初めての事態に陥っています。しばらくは夢の中にいるような感覚に囚われていましたが、それでも3名の希望に満ちた日本人学生が与えられました（後にさらに1名国内在住のギニア人学生が加わる）。また13名の元気な長期ボランティア、また10名を超える通いのボランティアさんに支えられ、研修も生活も順調に動き続けています。新型コロナの勢いが世界をまだ席巻している時にそれが神によって許されています。ただただ感謝です。

しかし世界に目を向ければ、コロナ以外にも多くの混乱が同時多発的に起きており、世界60か国に1300名以上の卒業生を持つ私たちは心の休まる時がありません。ミャンマーで、インドで、中東で、ニュースに取り上げられることがほとんどないアフリカ諸国で、あまりにも悲惨な出来事が次々に起き、いったい人間はどこまでのことを許容できるのか、これほどまでのことをなさる神のご計画は果たして何なのかと考えざるを得ません。そんなことを考えていたある日、隣国インドに並んでコロナの感染が急拡大し、飢餓が広がるネパールの卒業生からメールが来ました。この卒業生はヒマラヤ山麓の、ほとんどを自給自足に頼る小さな村の牧師です。

今ネパールはどこも封鎖されています。ハリケーンや雹《ひょう》が襲い、コロナの感染者はうなぎのぼりで、患者が次々に亡くなっています。失業者が増え、飢餓がはびこる中、私は詩編91編を思い出しています。

いと高き神のもとに身を寄せて隠れ
全能の神の陰に宿る人よ
主に申し上げよ
「わたしの避けどころ、砦
わたしの神、依り頼む方」と。
神はあなたを救い出してくださる

仕掛けられた罠から、陥れる言葉から。（1－3節）

多くの人が神に立ち返っていると思います。祈って、聖書を読んで、神との時間を過ごしていると思います。サタンと対峙し、霊的なつまずき、精神的挫折、世の堕落と闘っています。しかしたとえ政治的、社会的、経済的、道徳的な退廃が世界中にはびころうとも、サタンが勝つことはありません。マタイによる福音書24章14節にある神のご意志が成就されるからです（「そして、御国の福音はあらゆる民への証しとして、全世界に宣べ伝えられる。それから、終わりが来る」）。だから私たちは賢く準備して待っていなければなりません。神のご計画はコロナで止むことはありません。コロナがこの世に現れるずっと以前に詩編91編はすでにありました。たった一羽のすずめすら神のご意志なしには地に落ちることはないのです。今世界は偉大な教訓を学んでいます。

薬やワクチンなどの医療は皆無の、見渡す限り山に囲まれた、天に限りなく近い世界で神を仰いで、一直線に神と語り合う卒業生の言葉だからこそ、私はそこに真実を見た思いでした。日本の比ではないコロナの恐怖の中にあって彼は力強く言うのです。神のご計画はコロナで止むことはない。コロナがこの世に来るずっと以前に詩編91編はすでにあったではないか。世界的なパンデミックすらも神のご計画で、その只中で私たちは滅ぼされるために生きるのではない。神により頼む信仰がすべてを救い、神は勝利するという偉大な教訓を学び、やがて神のご意志が成就することに賢く備えていなければならないと言うのです。

とてもとても大変な毎日ですが、今は彼の言うように歴史的な偉大な教訓を学ぶ時（カイロス）なのでしょう。そして世界中の人が今、同時多発的に同じようにその経験をしています。こんなことは滅多にないことです。今までよりなお聖書に聴いて、偉大な教訓の糸口を見落とさないようにと、澄んだ声がヒマラヤから聞こえてくるような気がするのです。

（教団ジャーナル『風』70号掲載、２０２１年）

キリスト教共助会の女性の歩みを覚えて
――山本（櫛田）孝《よし》、山田松苗《まつなえ》、澤崎良子《よしこ》の信仰と人生――

　このキリスト教共助会夏期信仰修養会で私に与えられたテーマは、共助会100年を迎えて、山本（櫛田）孝、山田松苗、澤崎良子という3人の共助会の女性の先達の歩みを覚え、現代を生きる女性の共助会員である私がその意味をどう現代的に解釈するかであると思っております。このような大きなテーマを与えられましたが、とてもそれに答えるだけの深い読み込みはできなかったと白状せざるを得ません。この御三方との個人的な関係はもちろんなく、背景もまったく存じ上げておらず、時代も1934年から戦後の1993年と幅も広く、それぞれの思いをきちんと理解するには時代背景などをもっと勉強しなければとても足りないと感じております。また何よりも御三方それぞれの信仰が大変深く、私の聖書の知識や信仰では、それらを解釈することなど到底できないと感じました。そういったことご承知の上で、私の思うところを聞いていただければと思います。

女性として信仰を維持する難しさ

山本（櫛田）孝さん、山田松苗さんは、日本が戦後の立ち直りから昭和の経済成長期に差し掛かる中で、女性として高い教育を受け、職業に就いた方々です。しかしそのような大きく移り変わる社会の中で、女性としてまた職業人として信仰を維持する難しさを語っています。例えば『共助』1934年9月号に櫛田孝さんは「我等の伝道の将来のために」（これは『共助』の中で女性が書いた初めての記事ではないかと思われます）で、

大都会の煩雑な実務の社会によく業《なりわい》を持つ女子が、新たに求道の心を起こし、積極的に教会生活を完うするという事は殆ど不可能の如く見えます。朝8時から夜5時6時まで働き続け、余暇はあながち享楽に費やさぬ迄も、女子は男子と異なり家事・身の回りの事一切自らなさねばならぬ上に、眞面目な者は未來の生活の爲に少しでも料理・

裁縫・諸藝の修得などを希望するのが自然でありますから、目前の事に追われて全く宗教に意を向ける餘地《よち》が無いのです。

と言っています。また、このようにもあります。

私もかつて会社勤めの繁忙と病身と信仰生活と誘惑との苦闘の中に悶掻《もが》いた数年がありました。1週の戦いに疲れ果てた土曜日の晩、明日の日曜は魂の憩よりもひたすら身の休みを希《ねが》う私でした。

私はこれらの文章を読んでとても共感いたしました。私自身も、自分の子どもが小さかった頃は、日曜日に教会に行くことが大変苦でした。アジア学院の職員として教会に行くことは、仕事の延長のようなところがあります。通訳、学生の補助、アジア学院との関係維持のための様々な仕事があります。とても集中して説教の内容を聞いていられる心の余裕はありません。子どもを家に置いて教会に来れば、礼拝後に余計なことはせずに、できるだけ早く教会を出て行きたくなるものでした。そんな状態では教会がただ負担になってしまうし、あるいは日曜日くらい休まないと体がもたないので、また子どもが少し大きくなれば行事や部活の付き添いなどが発生して、礼拝に参加することは身体的にも精神的にも困難になりました。

私が共助会に入会を希望するようになったのは、子育ても一段落して、純粋に信仰について考える静かな場所と時と信仰に根差した仲間が欲しかったからです。さらに家庭とも仕事とも切り離されたところにある自分の「人格」（そういったものがあるならば）を確かめたいと思ったからということもあるかもしれません。そのような機会をもたないと、子育ても仕事も終わった時に、抜け殻のような自分しか残らないという焦燥感がありました。そのような時、講演者として呼んでいただいた２０１６年の共助会の夏期信仰修養会で、直感的にこの交わりがそれに応えてくれる場になるかもしれないという神様の恵みを感じたのです。

実際はどうであったでしょうか。共助会に入会して、直接、森 明先生（共助会創立者、1888－1925）との出会いはなくとも、櫛田さんがおっしゃるところの、森先生の「魂に粘り着くやうな傳道愛」（前述『共助』1934年9月号　櫛田孝「我等の伝道の将来のために」）に始まった共助会に連なる皆さんのお心とふれあうことによって、私にも大きな変化があったと思います。共助会で純粋に自分の信仰と自分自身とを見つめる中で、家庭や仕事（アジア学院）にどっぷりの自分も、自分という「人格」のかけがえのない一部であることがわかりました。今はそれらを無理に切り離さなくともいい、家庭とも仕事ともほぼ同一の自分も、そうでない自分も、神様から、また仲間から安心して認めていただくことができると思えるようになり、自分自身もまたそれらを受け入れられるようになった気がしております。

ところで、櫛田さんの文章を読んでいて、私は5年前、韓国でベストセラーになり、日本語訳版も出た『1982年生まれ、キム・ジヨン』（チョ・ナムジュ著）を思い出しました。内容は韓国の儒教社会、極度の競争社会の中で女性として生きる生きにくさ、理不尽さ、あまりにも当たり前になってしまって、また埋もれてしまっていて、周りの男性、また女性自身ですら気づかない、または理解できない女性が受けるジェンダー差別を淡々と語っている本です。

実を言いますと、私は最初その本がベストセラーになっている理由が理解できませんでした。私にとっては当たり前とも思えるような女性の置かれた状況の何が特別なのか、なぜ特筆すべきこともない日常を描く本が売れるのか疑問でした。しかし、それこそがまさに問題だったのです。つまり、そうしたあまりにも当たり前で、問題とすら認識されていない女性の実態こそが、実は問題であることに、自分も含め多くの人が気づいていない、ということです。

2021年12月に放映されたNHKのBS1スペシャルで「ママになるのをやめました。~韓国ソウル出生率0・64の衝撃~」という番組を観て、残念ながら韓国における女性の生きづらさは解消どころか悪化の一途をたどっていることが分かりました。出生率(女性1人が生涯産むと予想される子どもの数)が0・64というのは、少子化が問題になっている日本の出生率(1・34)の約半分で、韓国全体では0・84あるものの、この率も世界198か国中、最下位です。番組の説明には「背景には儒教文化が色濃く残る韓国社会の厳しい現実と、出産で人生を犠牲にしたくないという女性たちの本音がある。格差が広がる中、こんな社会には生まれないほうが子どものため、という極論まで現れた」とありました。

これは韓国の現実ですが、日本も根本的には同じ問題を抱えていると思われます。また櫛田さんが前述の文章を書いた87年前の日本の状況も、現在と異なることは多くあるとしても、やはり根本には同じジェンダーの問題があると感じました。男性でも同じように言えることがあるかもしれませんが、櫛田さんが「女子が、新たに求道の心を起こし、積極的に教会生活を完うするという事は殆ど不可能の如く見えます」「目前の事に追われてまったく宗教に意を向ける餘地が無いのです」と語る現実は、現代でも多くの女性が共感することではないでしょうか。

澤崎良子さんの生涯

話を澤崎良子さんに移します。澤崎良子さんは戦時中、1942年に夫、澤崎堅造さん（共助会員、北白川教会員）とお子さんと共に蒙古伝道で中国旧熱河省に渡り、終戦直後の混乱時に夫堅造氏が消息不明のまま帰国を果たし、その後おひとりでご家庭を守り生き抜くという激動の人生を送ります。そのような激しい人生を送りながらも、一貫して神の前で謙虚に信仰に生きる姿に心打たれました。

澤崎良子さんは昭和4（1929）年に京都室町教会で受洗し、同じ教会の女性（後の奥田成孝夫人、共に共助会員）に共助会を紹介されます。その後京都女子共助会の7名の創立メンバーのおひとりとして、共助会で信仰と友情を深めました。それから結婚されて、昭和17（1942）年にお子さんを伴われて一家で蒙古伝道に向かったのですが、そのわずか3年後、満州にソ連が侵攻すると同時に夫、堅造氏が消息不明になります。同じく熱河伝道に赴いていた和田テル子さんと息子さんと共に避難を続け、計らずも北朝鮮に1年間も滞在します。そのまま終戦を迎え日本への帰国の途に就くのですが、その最中に出産し、その子も1歳1か月で栄養失調で失うという、想像を絶するような悲嘆の経験をされています。

澤崎さんが帰国してからの長い人生は、不本意ながら離れなければならなかった中国のこと、夫の死の意味を問い続けた日々でした。『共助』1993年10月号「中国への旅」の中で、帰国から46年後に再び共助会のメンバーと共に中国に渡り、その時の体験をもとに蒙古伝道の総括をされています。実に蒙古伝道から半世紀後のことでした。

澤崎さんはそれより前にも『共助』にいろいろな記事を書いておられ、例えば1955年8月、帰国から10年たった時、「神なき人々のなかに」という記事で、帰国後1年後に家族を養うために中学校教師になり、職業と信仰について触れています。教育の業が伝道の業とは「正反対な生き方」ではないかと疑い、「自分がいるべき場所ではないような気持に襲われ」ながらも家族を支えるために働く中で、このように言います。

私の考えでは公立中学の先生への伝道は極く若い世代を除いては殆ど不可能に近いと思われます。この中に信仰によって生きるという事など、物笑いになる丈《だけ》だとさえ思われる時もあります。しかし、それが日本の現実なのです。我々が負うべき現実です。否、私もその中の一人なのです。私もその風潮に染み、傷つき、つまづきながら、世の人と共に肉の生活を送っている者にすぎないのです。

現実の中で、やはり信仰を持つ者として生きる困難さ、葛藤を語っています。しかし澤崎さんはこうも言うのです。私はなぜかこの文章に彼女の女性としての強さを感じました。

唯一、一点異なっているのは主にある友の信仰と祈りとが、沈没したと思われる時も沈没せしめないということなのです。

そして、こう結びます。

「この地域社会の人々との生ける交わりが、日本の、広くアジアの人々への伝道の重要な一過程である」と教えられて、今日も昨日も神なき人々の中に生きて行こうと思う。神の恵みの御手と友の祈りの支えとを信じて。

自分の弱くもろいありようを認め、受け入れ、さらけ出し、そんな自分が友の祈りによって支えられていることもしっかりと感じて、それによって強く生き続けるたくましい女性の姿があります。特に澤崎さんの中国伝道の道のりを知ってからこの箇所を読み返すと、いったいこの方の強さはどこから来るのか、母として、夫無き一家の大黒柱として生きる中で、細くとも黙って静かに大地に這いつくばって、そこから絶対離れないように踏ん張る雑草の根のような強さが彼女の信仰に加わって、神々しささえ感じるのです。

澤崎さんの文章からもうひとつ強く感じたことがありました。それはアジアにおける日本人クリスチャンとしての生き方についての問いです。前述の1993年の「《私の歩み》主に生かされて」の終わりの方に、当時、入手困難であった中国の事情を聞いた時に、北京の兄弟（キリスト教信者）が未だに日本人が訪ねて行くと、後から公安局員が来て、日本人との関係について厳しい取り調べを受け、ついにはその厳しさから離職して北京を離れる人もいるという現状を知ったとあります。そして澤崎さんは、

私たち日本人が犯した罪のために中国の信徒が十字架を負っておられる。日本人は信仰の自由を謳歌して負うべき罪の負い目を負っていないように思います。

と言って日本人のキリスト者に深い反省を促します。そして、

このような日本人を恐れる感情が、日本人をどこの国民よりも嫌う感情が、中国だけでなく韓国、東南アジア諸国に根強くあることを聞きますと、私たちは今、どうすればよいのか、教えていただきたいと思います。

と、強い口調で締めくくっています。中国で伝道者として生きた経験にもとづいて、まったく違う世界にいるアジアの兄弟姉妹の視点に立った時、放っておくことはできないでしょう、ではどうすればよいのか、それは次の世代の皆さんの考えるべきことだと私たちに問いを突き付けているように感じました。そこで私は、澤崎さんが今もし生きておられたら、アジア学院の存在をお伝えしたいと思いました。澤崎さんの願いには、アジアの国々との和解を願って創られたアジア学院の建学の精神と通じるものがあるように感じます。そのような学校が日本にもありますよ、その存続を願う人々が大勢いますよとお伝えすることができたならば、澤崎さんを少しはお慰めできただろうか、と思いました。

今の共助会に思う

さて、限られた資料にもとづいて御三方の人生を振り返ってみて、今の共助会に思いをはせてみました。まず女性が今とは比較にならないほど多くの制約を課せられて生きてきた時代に、彼女たちは共助会の一員として、森先生の信仰を真剣に受け継ごうとされました。男性の共助会員の強い想いと同じように、彼女たちの謙虚さ、正直さ、逞しさ、まっすぐな信仰が、長い共助会の歴史をつないできたことは確かです。同じ女性として、彼女たちを共助会の信仰の先達として覚えることができることをとても誇りに思うと同時に、非常に励まされました。澤崎さんのところで言いましたように、細くとも黙って静かに大地に這いつくばって、そこから絶対離れないように踏ん張る雑草の根のような女性の強さが、他の方々の信仰に加わった歴史がなければ、果たして共助会は今日どのようになっていたか、今まで継続されていたか、もしかしたらどこかで途絶えていたかもしれません。

さらに全体を通して、今、何を問いかけられているかを考えてみました。

1．アジアとの対話、和解への取り組み（澤崎さんの問い）

私は「北東アジアキリスト者和解フォーラム」（2014年にアメリカのデューク大学神学部和解センターとメノナイト中央委員会がイニシアティブをとって、北東アジアの各国のクリスチャンたちによって始められた）に縁あって五回ほど参加しました（ここ2年はコロナの影響でオンライン開催）。このフォーラムは年に一回、北東アジアの国や地域（日本、韓国、中国、台湾、香港）のキリスト者、それに主催者側のアメリカ人、カナダ人など合計約100名ほどが集まって、一週間寝食を共にし、共に神を賛美し、歌い、祈り、瞑想しながら、北東アジアの平和と和解について学び、キリスト者として参加者それぞれの役割と課題を分かち合うプログラムです。

このプログラムの特徴は、北東アジアの国家（地域）間の、遠い過去から続く確執や対立に留まらず、北東アジア特有の諸問題を抱えた地域に生きる生身の人間の今日の問題、個々人の生活を揺さぶる諸問題、その痛みと悲しみを、神の前に互いにさらけ出し、理解しようと努め、赦し、赦されることを試みようとすることです。そこでの経験は、私に大きな影響を与えています。

共助会も韓国共助会との交わりの長い歴史があります。とても深いもので、私が共助会に惹かれた理由のひとつでもあります。しかし、先に紹介した韓国の低出生率の問題など、現代の韓国社会に潜む問題についてはあまり触れられていないように感じます。こういった現代の人々が直面する問題にもっと目を開き、共に考えるべきではないかと思いました。また韓国だけでなく、他のアジアの国々についても、特に現代の問題についてもっと学び、アジアとの対話、和解への関心を深め、取り組みに参加し、澤崎さんの言う、「私たちは今、どうすればよいのか」という問いに、共助会の一人ひとりが向き合い、考えるべきではないかと思いました。

2. ジェンダー平等についての向き合い方

共助会の歴史に残る女性たちの生きざまに触れて、今も明らかに存在する深刻なジェンダーギャップの問題に共助会は目を開いているか、それらの問題が男女問わず、求道や信仰を生きることの妨げになっていないかを考えることも必要でないかと思いました。

日本の教会は一見、女性が活発に活動しているコミュニティに見えますが、実は固定化され見えなくなっている差別、ジェンダー役割があり、それが若者を遠ざけていないかを考えるべきではないかと思います。例えば多くの教会には、ある年齢以上の、主に既婚者の女性によって構成される「婦人会」があって、愛餐会の食事の準備など特定かつ重要な役割が与えられていますが、私の世代（50代）でも「婦人」という呼び名は時代遅れに感じます。結婚率が低下、離婚率が増加している中で、「婦人」とは誰を指すのか、なぜ女性だけが特定の仕事を負わねばならないのか、と思う人は多いのではないでしょうか。私の未婚女性の友人は、「婦人会」という名称があるだけで疎外感を感じると言っています。

共助会ではどうでしょうか？　固定された役割はないでしょうか。修養会の受付を女性だけがやっていることがあったり、過去に私が参加した佐久学舎で、食事の準備が女性によって担われていたことに違和感を感じていたのは、私だけでしょうか。

日本はジェンダー平等指数が世界120位という厳しい現実があります。教会の成長、共助会の発展をジェンダーの視点からもっと丁寧に見る必要があるのではないでしょうか？

3．学生伝道をどうするか

今日紹介した3名の女性はすべて、若い時に学生伝道で神と出会い、信仰者となりました。共助会は学生伝道にどう取り組むのか、このことを考える時に、前述の「ジェンダー平等についての向き合い方」がヒントになるように思いました。

アイスランドという小国は12年間、ジェンダー平等指数世界第一位を維持しています。カトリン・ヤコブスドッティル首相（女性）は、首相になった直後からジェンダー平等に取り組んだことで有名です。そのことで社会の様々なことが改善され、国民がその改革を高く評価しています。またアイスランドは選挙の投票率が80％を超え、国民の政治参加意欲が高いことでも有名です。これらのアイスランドの取り組みから何を学べるでしょうか。

ジェンダー、社会・経済格差にもとづく不平等は社会の大きな課題、特に若い世代の人の心を占有する重要な懸念事項です。若者がどんな不安を抱き、どんな社会を願うのかということに耳を傾け、それらを発言できる仕組みをキリスト教会、また共助会ももっと真剣につくる必要があると思います。

以上、まとまりがありませんが、3名の素晴らしい女性の人生に触れ、感じたことを自由に述べさせていただきました。このような機会を与えていただきましたことを心から感謝いたします。

（キリスト教雑誌『共助』2022年2号）

あとがき

アジア学院は2023年に創立50周年を迎えます。聖書において50年目はヨベルの年、あるいはジュビリー（Jubilee）と言われ、旧約聖書のレビ記ではヨベルの年にはあらゆる束縛から人々が解放されることが記されています。すべての囚人や捕虜、すべての奴隷が自由の身となり、すべての借金が赦され、すべての財産が元の持ち主に戻されました。また、1年間はすべての労働が停止され、労働契約に縛られていた人たちも解放され、それぞれ自分の所有地に帰り、また自分の家族のもとに帰ることも許されました。ヨベルの年は、安息、贖罪、赦し、解放、再生を喜び祝うことに象徴されます。

昨年(2022年)9月中旬は70回目のヨベルの年の始まりでした。それは今年(2023年) 9月中旬までの1年間を指します。つまり、アジア学院はひとつ前の69回目のヨベルの年（1973年）に開設され、50周年の年もまた新しいヨベルの年と重なることになります。（そしてこの本はヨベルの年にヨベルさんから発行していただくことになりました！）

私はこのヨベルの年とアジア学院の歴史の重なりの偶然を昨年知って、それ以来その意味を考えてきました。

本文の中でも紹介しましたが、高見敏弘先生はアジア学院のカリキュラムの目的について次のように述べています。

技術の伝習が、アジア学院の最高目的ではない。人々を愛するがゆえに、人々と共に生きることを求めるがゆえに、その必要な手段として技術の伝習をする。何よりも先ず、キリスト信仰にもとづいた歴史観をもって、自分を含めた人間の営みをみつめ、アジアの動きをとらえ、そして人々の解放のために献身する姿勢、生きざまを身につけることが、カリキュラムのねらいである。（『教会教育』共に生きるために、1973年）

アジア学院のカリキュラムの目的は、人々を**解放**すること、つまり人間が束縛されている状態から自由にされることに関係しているのだと言いました。私たちが対象としている人々は、そしておそらく私たち自身を含む人間は、いったい何から解放されねばならないのでしょう。何の奴隷になっているというのでしょうか？

当時、高見先生は急速に進む開発、工業化、グローバリゼーションが、人間の生活や神の創造物である自然に与える影響を憂慮していました。またそれ以上に人間が自然と神から離れることによって、どんどん非人間的になっていくことを憂いていました。そして次のようにも言ったのです。

貧しさとは、人間があるべき姿――隣人、自然環境等すべての被造物との間に保持すべき関係――から疎外され、また自ら疎外することです。（『乏しさを分かち合う』）

この文章の意味するところの、「疎外」こそが人間の様々な問題、特に食糧難、飢餓、病気、孤独、暴力などの苦しみを人間にもたらす根源にあると、私は初めて高見先生の文章を読んだ時、またアジア学院を訪問した時、直感的に感じました。なぜなら、アジア学院には人と自然と神とのつながりがあって、人がそこで生き生きと人間らしく生きていたからです。ですから「疎外」によって生じた貧しさ、苦しみの状態から、人々が、そして私たち自身が解放されることは人間の切なる願いで、そのためにアジア学院は生まれ、そしてその必要性がある限り、アジア学院はその活動を続けていくことを求められていると信じるようになりました。

では実際にどうだったのでしょうか。初めに願った「人々の解放」に、アジア学院は本当に貢献することができたのでしょうか。

創立40周年を迎えた2013年に、私たちは世界中に広がった多くの卒業生たちから、卒業生の生の声をもっと真摯に聞き、それをアジア学院の研修と活動に活かすべきだという提案を提示されました。それに応じて私たちは、「卒業生の活動と地域への貢献」に関する大々的な調査を2年に亘って実施しました。その調査結果から、アジア学院が世界の多くの地域において、草の根レベルで多岐に亘って「人々の解放」に貢献していることが実証されました。(注*) そしてその後、継続して卒業生の経験をアジア学院の研修と運営に循環的に取り込んでいくために「卒業生アウトリーチ」という専属の部門を設け、新たな段階に向けて歩み出しました。

そしてやってきた2022年。新たなヨベルの年に突入した私たちは何を経験したでしょうか。安息、贖罪、赦し、解放、再生を経験しているでしょうか。

2021年度、私たちが経験したのは、新型コロナ感染症の世界的な感染によって海外からの学生がひとりも来日できないという、かつてない1年でした。学生数はわずか4名(日本人学生と国内在住の外国人)で、コミュニティのサイズも半減し、訪問者も激減しました。農場での活動は継続されましたから、完全な「安息の年」とはいえませんでしたが、私たちは研修プログラムの内容や生活のあり方を根底から見直し、再構築を迫られました。そして2022年度は一転、コロナ禍は続いているものの、入国制限が緩和され、再び学生数は30名を超え、コミュニティのサイズも以前のサイズに戻り、いわば「再生」の年を体験しました。

しかし、アジア学院を取り囲む世界では、パンデミック、地球温暖化、多種多様な暴力の影響を大きく受けて苦しむ人々がどんどんと増え、そこからの解放を願って呻き悶えているように見えます。私はそれらの問題の根底にも、上述の「疎外」があるように思います。人間は隣人とすべての被造物との間にあるべき関係から疎外される、または自ら疎外することによって引き起こされるさまざまな苦しみの奴隷になっていると思わざるを得ないのです。

主の霊がわたしの上におられる。
貧しい人に福音を告げ知らせるために、
主がわたしに油を注がれたからである。
主がわたしを遣わされたのは、
捕らわれている人に解放を、
目の見えない人に視力の回復を告げ、
圧迫されている人を自由にし、
主の恵みの年を告げ知らせるためである。（ルカによる福音書4章18―19節）

この箇所はイエスが伝道の始まりを示す箇所です。それは、神様がイエスを通して何か新しいことを始めようとしていることを意味しています。つまり、今こそ神の国が到来して、ヨベルの年が始まり、人々がすべての罪と苦しみから真の意味で完全に解放されるということの宣言です。私たちは今は苦しみの奴隷になっているかもしれませんが、ヨベルの年は確かに始まっていて、私たちは大きな希望を与えられていることを示しています。

この聖句を読んで、新たなヨベルの年にあってアジア学院の創立50周年を目前に控え、私たちはこの大いなる「解放」について、希望を新たにしたいと思いました。私たちは50周年に当たって「農村の未来のために共に学ぶ」というアジア学院の使命に即したテーマを与えられました。このキャンパスをよりオープンに、より参加型に、そしてより有意義な場とするために「ホール・キャンパス・アプローチ」という総合的な取り組みを実践していくことを決意しました。そのビジョンには「フードライフ」「教育」「気候正義と気候行動」「組織」「土からの平和」という5つの分野がありますが、それらはどうヨベルの年の安息、贖罪、赦し、再生、解放と関連しているのか。それを問いながら、新しいアジア学院のヨベルの年の歩みを始めたいと思っています。

最後に、この本を出版するにあたり、ヨベルの安田正人さんに初めから終わりまで励ましていただいたことを心から感謝申し上げます。また、忍耐強く何度も校正をしてくださったアジア学院の司書の田仲順子さん、日々のアジア学院の営みを可能にしてくれている職員たちをはじめ、ボランティアの方々の献身的な働きと支援者の皆様のお支えとお祈りに、そしてアジア学院にエネルギーを注ぐ私をいつも応援してくれる家族に心からの感謝を表します。多くの仲間の理解と協力がなければ、アジア学院は1日たりとももちませんん。毎日の学びに謙虚にそして情熱的に臨む学生たちに感謝します。そして、世界中でアジア学院精神を具現化する卒業生たちに敬意を表します。彼らの働きこそが私たちのエネルギーの源です。

一つの部分が苦しめば、すべての部分が共に苦しみ、一つの部分が尊ばれれば、すべての部分が共に喜ぶのです。あなたがたはキリストの体であり、また、一人一人はその部分です。(コリントの信徒への手紙一12章26–27節)

この喜びの聖句を味わうことのできるアジア学院コミュニティの一員である恵みに、尽きない感謝を！

2023年2月

荒川朋子

＊「農村指導者たち　アジア学院卒業生の活動と地域への貢献」アジア学院（2017年）

参考文献

高見敏弘「創立1周年にあたって」『アジアの土』アジア学院学報、1号、1974年6月15日
高見敏弘「可能性を求めて」『アジアの土』アジア学院学報、2号、1974年7月15日
高見敏弘「共に生きるために ―― アジア学院の創設の課題とビジョン」『教会教育』、日本キリスト教協議会教育部、1973年12月

高見敏弘『土とともに生きる』日本基督教団出版局、１９９６年
高見敏弘『乏しさを分かち合う』、アジア学院、２０１８年
佐藤美由紀『世界でもっとも貧しい大統領――ホセ・ムヒカの言葉』双葉社、２０１５年
『草の根の指導者と共に――40年の歩み』アジア学院、２０１３年
高柳富夫「神と土と人」「農村伝道神学校学報」、第161号、２０１６年6月21日
アジア学院二十周年記念記録集編集委員会『共に生きるために――アジア学院二十年の歩み』アジア学院、１９９３年
星野正興「農村伝道は「失敗」だったか？」『福音と世界』、２０１７年
安積力也「「辺境」を生きる教師へ」国際基督教大学教会「キリスト教教育聖日」礼拝メッセージ、２０１５年10月18日

荒川朋子（あらかわ・ともこ）

1967年群馬県高崎市生まれ。新島学園中学・高校卒。国際基督教大学教養学部卒。ミシガン州立大学大学院社会学部修士課程修了。

1995年よりアジア学院アジア農村指導者養成専門学校職員。2015年4月より同校長。

アジア学院50周年特設サイトのQRコード

共に生きる「知」を求めて——**アジア学院の窓から**

2023年4月20日 初版発行

著　者 —— 荒川朋子
発行者 —— 安田正人
発行所 —— 株式会社ヨベル　YOBEL, Inc.
〒113-0033 東京都文京区本郷4-1-1　菊花ビル5F
TEL03-3818-4851　FAX03-3818-4858　e-mail：info@yobel.co.jp

装　幀——ロゴスデザイン：長尾　優
印　刷 —— 中央精版印刷株式会社

配給元—日本キリスト教書販売株式会社（日キ販）
〒162 - 0814 東京都新宿区新小川町9 -1
振替 00130-3-60976　Tel 03-3260-5670

 Printed in Japan ISBN978-4-909871-80-0 C0216

聖書の引用は、断りのない限り『聖書 新共同訳』（日本聖書協会刊行）からの引用です。

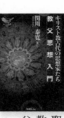

YOBEL

YOBEL